ERDE
WASSER
LUFT
FEUER

Ursula Müller-Hiestand

ERDE WASSER LUFT FEUER

Mit Kindern
die vier Elemente erfahren

Fotografiert von
Atelier König & König

Ein Werkbuch im AT Verlag

Erde

Wasser

Luft

Feuer

Vorwort

Liebe Leserin, lieber Leser,

Die vier Elemente sind dir bekannt. Sie mit dem Werken in Beziehung zu bringen, scheint zuerst ungewohnt. Blätterst du aber in den Kapiteln, spürst du bald, was die elementaren Begegnungen auslösen können! Die Anregungen lassen deine Hände nicht ruhen. Sie möchten deine Experimentier- und Spiellust wecken. Dabei machst du Erfahrungen. Aus diesen schöpfst du die Kraft, Objekte zu entwickeln, lernst sie zu gestalten. Jedem Element begegnest du seinem Wesen entsprechend, und es eröffnet sich dir, wie sich Erde, Wasser, Luft und Feuer in genialer Weise ergänzen – kein Feuer ohne Luft, kein Wasserdampf ohne Wärme, kein Feuerlöschen ohne Wasser . . .
Allen Kreaturen bieten die vier Elemente die entscheidenden Lebensgrundlagen. Für viele Kulturen waren und sind Erde, Wasser, Luft und Feuer Lebensinhalt. Sie bestimmen den Tagesablauf, sind Ursprung vieler Rituale. Auch in die Philosophie fanden die Urelemente Eingang: Der griechische Denker Empedokles betrachtete die vier als unveränderlich. Paracelsus leitete im Mittelalter seine Heilkunst von den vier Elementen ab. Durch die Kernphysik ergab sich eine neue wissenschaftliche Vorstellung der Elemente.
So ist in unserer Zivilisation viel von der Unmittelbarkeit verlorengegangen, der Erde, dem Wasser, der Luft und dem Feuer in ihrer Ursprünglichkeit zu begegnen.
Einzig den Kindern gelingt dies besser. Ich bin meinen Kindern dankbar: Sie haben mich beweglicher gemacht, allem Lebendigen wacher gegenüberzutreten.
In diesem Sinne möge dieses Herz-Kopf- und -Handbuch deine Phantasie anregen und dein Werken inspirieren.

Zürich, im Frühjahr 1990
Ursula Müller-Hiestand

«Lehrt Eure Kinder, was wir unsere Kinder lehren:
Die Erde ist unsere Mutter. Was die Erde befällt,
befällt auch die Söhne der Erde.»
Häuptling Seattle

Etwas Erdgeschichte

Mit aller Deutlichkeit müssen wir uns vergegenwärtigen, dass die Entwicklung der Erde ungeheure Zeiträume beanspruchte. Wissenschaftler geben der Erde ein Alter von 80–2000 Millionen Jahren! Über die Entstehung der Erde gibt es verschiedene Theorien. In dem einen Punkt ist man sich aber einig: **Unser Erdball stammt von der Sonne.** Lange Zeit kreiste die Erde als eine aus glühenden Gasen bestehende Kugel um die Sonne. Die Gase zogen sich allmählich zusammen und verdichteten sich. Durch die Erkaltung bildeten sich auf der Oberfläche des glühenden Balles schlackenartige Schollen. Diese wuchsen mit der Zeit zu einer dünnen Kruste zusammen.
Regengüsse prasselten auf die heisse Erdrinde. Das Wasser verdampfte. Aus den Spalten brach das Magma hervor. Berghoch überflutete es die Erdkruste, erstarrte zu Stein und half die dünne Erdrinde zu verfestigen. Der Regen floss in die Vertiefungen. Aus dem angefüllten Wasser entstanden Seen und Meere. Über der langsam erkalteten Erde lichteteten sich die dampfenden Wolkengebilde. Sonnenstrahlen drangen zum erstenmal auf die entstandenen Festländer, Seen und Meere.

Der Erdboden – ein Lebensraum

Die oberste Erdschicht, Humus genannt, bleibt nie lange kahl. Schnell gesellen sich verschiedenste (Un)-Kräuter hinzu. Sie überwachsen schützend das Erdreich.
Weisst du, dass sich in den oberen 15 cm Erde, in einer Fläche von 100m^2 Abertausende von Lebewesen tummeln? Etwa: 100 kg Algen, Bakterien, Urtierchen, Pilze; 40 kg Regenwürmer, 10 kg Bodeninsekten und Erdmilben! Mit der Lupe oder dem Mikroskop kannst du erstaunliche Beobachtungen machen. Diese wenig sichtbare vielfältige Welt hält unseren Boden lebendig. Ein sorgfältiges Umgehen ist deshalb angebracht.

Humus

Oberboden

Unterboden

Gelockertes Gestein

Muttergestein

Eigene Erde herstellen

An einem geschützten Platz im Freien werden Gemüse- und Obstabfälle, Kaffeesatz, Eierschalen usw. in Schichten angelegt. Als Zwischenlage eignet sich trockener Grasschnitt, Heu, vielleicht etwas Stroh oder Blätter. Sie nehmen dem Abfall die Staunässe. Darübergestreutes Steinmehl oder Hornspäne begünstigen den Prozess des Komposts. Nach kürzester Zeit haben sich Herden kleinster Regenwürmer an die Schwerarbeit gemacht. Sie durchweiden und verdauen den Abfall und helfen mit anderen Mikroorganismen Kompost-Erde herzustellen.

Erde, Steine, Sand und Lehm gehören zu den Hauptsubstanzen unseres Planeten

In die Erde säen

Kleingarten

Lege dir einen «Kleingarten» für alle vier Jahreszeiten zu!
An diesem Stücklein Erde kannst du übers ganze Jahr deine Beobachtungen anstellen.
Im Wald stichst du dir ein paar Monatserdbeeren, einen Tannensämling oder Primeln aus. Mit wenig Moos schaffst du für die Pflanzen ein feuchtes Klima.

Kresse

Schreibe mit dem Finger deinen Namen in die Erde. Säe dann in die Rille genügend Kresse- oder Senfsamen. Klopfe den Samen leicht an und halte dein Beet genügend feucht. Schon nach wenigen Tagen spriessen knakkige Speisekeimlinge aus der Erde. Auf dem Quarkbrot oder im Salat schmecken diese vorzüglich ...
(Auch Herzformen oder Ornamente eignen sich für Überraschungsgeschenke. Man kann sie nirgends kaufen!)

In der Küche gibt es einiges zum Einpflanzen

Karotten
Schneide den oberen Teil der Karotte ab und pflanze ihn in einen Topf voll Erde. Bedecke die Teile so, dass nur wenig aus der Erde guckt. Mit regelmässigem Giessen wachsen bald kleine Blattspitzen dem Licht entgegen, und nach unten entwickeln sich die Wurzeln.

Knoblauch
Einzelne Knoblauchzehen drückst du 1–2 cm tief in die Erde. Nicht zuviel giessen! Nach kurzer Zeit spriessen die schmalen Blätter. Sie können dir als fein geschnittenes Gewürzkraut den Suppengeschmack abrunden.

Peperoni
Die dicht aneinander geschmiegten Kerne einer Peperoni wäschst du in einem Teesieb und legst sie zum Trocknen für ein paar Tage auf eine Papierserviette. Du stellst sie eingepflanzt an einen hellen warmen Ort.

Zitronen
Zitronenkerne brauchen länger, bis sie sich als feines Pflänzchen an der Erdoberfläche zeigen. Drücke die Kerne in die lockere Erde und halte sie schön feucht.
Sind die Blätter etwas grösser, kannst du den Zitrus-Test machen: Wenn du zwischen zwei Fingern an einem Blatt reibst, riechst du den unverwechselbaren Zitronenduft.

An diesen einfachen Beispielen zeigt sich das Wunder des Zusammenspieles von **Erde, Wasser und Wärme.**

Ton als formbares Material erfahren

Ton ist im Naturzustand feuchtzäh. An entsprechenden Orten kannst du den Lehm mit einem Spaten abstechen und anschliessend die unreinen Partikel von Hand entfernen.

Ton, der später gebrannt wird, wird **«geschlemmt»**, d.h. mit Wasser verdünnt und lange gerührt. Das oben anstehende Wasser wird abgegossen, der Tonschlamm in ein Gefäss geschüttet und der Bodensatz mit den Unreinheiten weggeworfen.
Der auf Gipsplatten gegossene Tonbrei wird an der Luft getrocknet (das mechanisch gebundene Wasser entweicht) und verarbeitungsbereit verpackt.
Der beste Tonlieferant ist der Keramiker, Töpfer oder Hafner. Auch Spezialgeschäfte oder Freizeitanlagen bieten verschiedene Tonsorten an; der speckig-fette Ton lässt sich leichter formen als der magere.
Nasser Ton wird nach dem Durchkneten von den warmen Händen trockener. Gut formbarer Ton löst sich leicht von der Hand. Nach dem Formen können die Tonarbeiten im **lederharten** Zustand (d.h. wenn sich die Oberfläche speckig hart anfühlt) mit Erdfarben bemalt werden.
Ausgetrocknete, zum Brennen bereite Tonwaren nennt man **beintrocken.** Sie sind sehr zerbrechlich, können aber in diesem Zustand noch mit Schleifpapier ausgebessert werden.
Beim Brennen im 900° heissen Ofen entweicht das chemisch gebundene Wasser. Nach dem Brennprozess nennt man das Tonstück **Scherben.**

Sandsieb

Über einen grossen runden Stein legst du eine durchsichtige Küchenfolie. Drücke einen durchgekneteten Tonklumpen gleichmässig darüber. Lass die Arbeit eine Stunde antrocknen.

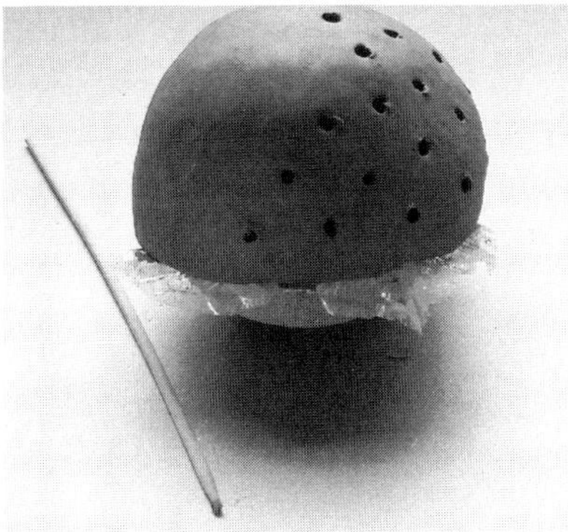

Mit einer Stricknadel bohrst du die Löcher versetzt in die Rundung. Verstreiche den Rand und die perforierte Oberfläche.

Ziehe an den Ecken der Folie. So kannst du das Gefäss vom Stein abheben und auf der Innenseite fertig ausarbeiten.

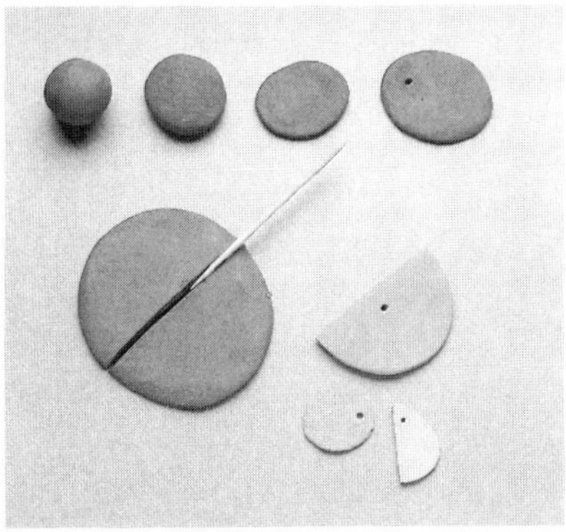

Klangscheiben

Vorgeformte Tonkugeln mit dem Handballen flach drücken, ausformen, die Ränder ausgleichend verstreichen. Mit einer feinen Stricknadel bohrst du 3 mm vom Rand ein gleichmässiges Loch. Klangscheiben tönen erst nach dem Brennen richtig!

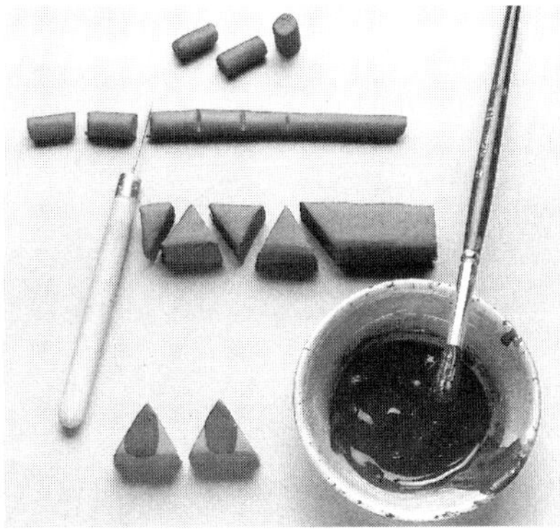

Spielsteine

Auf abgedeckter, glatter Unterlage rollst du 20 cm lange «Würste»; mit dem Draht werden sie auf 1–2 cm abgelängt. Anschliessend die Ränder mit wenig Wasser sauber ausarbeiten. Kantige Formen: Tonrolle mit der Hand allseitig klopfen, bis die gewünschte Form erreicht ist. Dann ablängen, ausarbeiten und trocknen lassen.

Tonmarmeln für Sandspielbahn

Mit einem Stück Draht werden kleine Tonportionen abgeschnitten und durchgeknetet. Mit der Handinnenseite formst du Kugeln. Allfällige Ecken werden in einem Gefäss mit abgerundetem Boden ausgemerzt. Auf Zeitungsunterlage trocknen lassen, mehrmals wenden!

Das Öllicht

Das Öllicht (siehe auch S. 88, Kapitel «Feuer») ist aus einer grösser geformten Tonkugel geschaffen. Zuerst wird die äussere Gestaltung des Öllichtes erarbeitet. Wenn die grundsätzliche Form, in unserem Beispiel stein- oder eiförmig, geformt ist, steht die Ausarbeitung des Gefässinnenraumes bevor.

Du brauchst:
Ton
Drahtschneide
Nähnadel, Stricknadel
Docht (im Fachhandel für Petrollichter oder in einer grösseren Drogerie erhältlich)
Kochlöffel

Es sagt der grosse Alexander:
es kommen Viere miteinander.
Der Erste läuft und wird nie matt,
der Zweite frisst und wird nie satt,
der Dritte sauft und wird nie voll,
der Vierte bläst so grauenvoll.

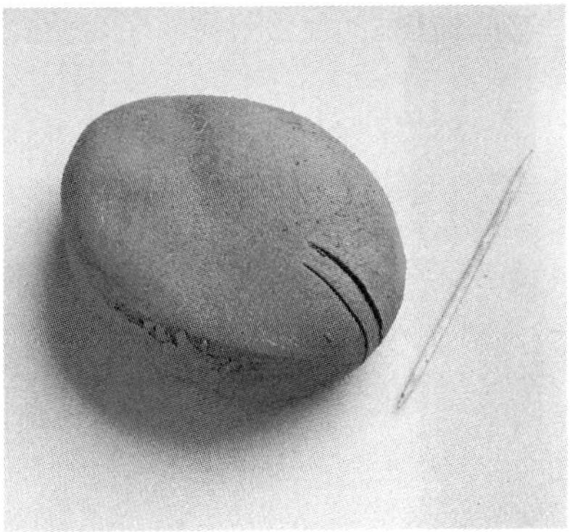

Die modellierte Aussenform wird mit einem Orientierungszeichen versehen.

Mit der Drahtschneide wird der geformte Tonkörper durchschnitten. Beide Teile gleich dick aushöhlen (ca. 5 mm).

Die Schnittkanten mit einer Nähnadel rillen. **Tonschlicker herstellen:** Von der gleichen Tonmasse in einer Schale mit Wasser einen Brei anrühren und diesen auf die gerillten Schnittkanten streichen. Einziehen lassen.

Nach 20 Min. beide Teile zusammenfügen: Orientierungszeichen beachten! Ein fein ausgerolltes Tonwürstchen ablängen und um die Rille legen. Andrücken und mit dem Material des Tonkörpers gut verstreichen.

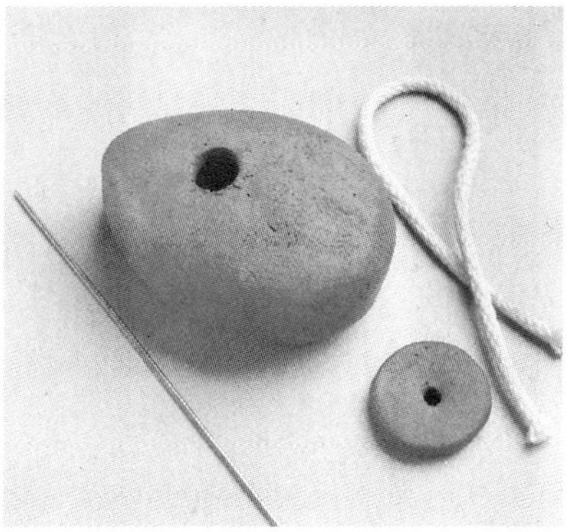

Nach etwa 1½ Std. Trocknungszeit mit einer Stricknadel das Dochtloch ausschneiden. Mit dem Material einen Dochthalter formen. (Dochtdurchmesser beachten!)

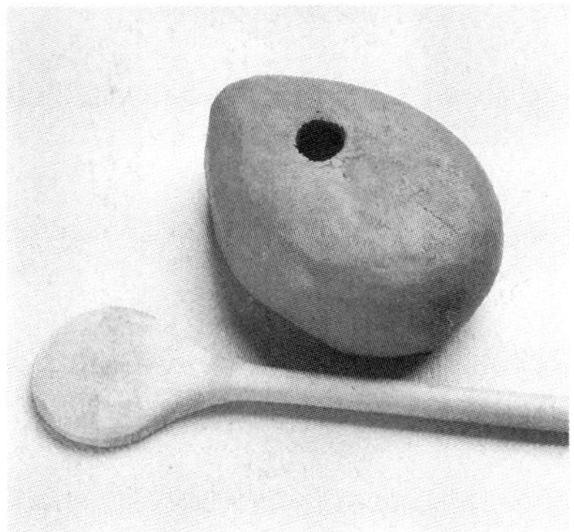

Mit einem Kochlöffel die Aussenform leicht abklopfen. Der Ton wird so in seiner Struktur gefestigt und die Aussenform «geglättet».

Sand erfahren

Sandrieselspiele

Trockener Sand ist ein herrliches Rieselmaterial. Nach dem bekannten System der Sanduhr kannst du neue Versionen ausfindig machen. Ein Beispiel ist der Becherturm mit den perforierten Zwischenböden. Er bietet dem Betrachter ein beschauliches Schauspiel. Je nach Lochgrösse fliesst der Sand in feinen Fäden von Ebene zu Ebene und hinterlässt auf den durchlochten Böden weich geformte Sandstrukturen.

- Im grossen Sandtrichterspiel, einer einfachen Uhr, rieselt der Sand gute 3 Minuten von einem Depot zum andern. (Anleitungen auf S. 20)
- In den beiden Glasfläschchen ist ein passender Minitrichter installiert – durch die Trichterrohrseite fliesst der Sand langsamer, durch die Trichteröffnung schneller.

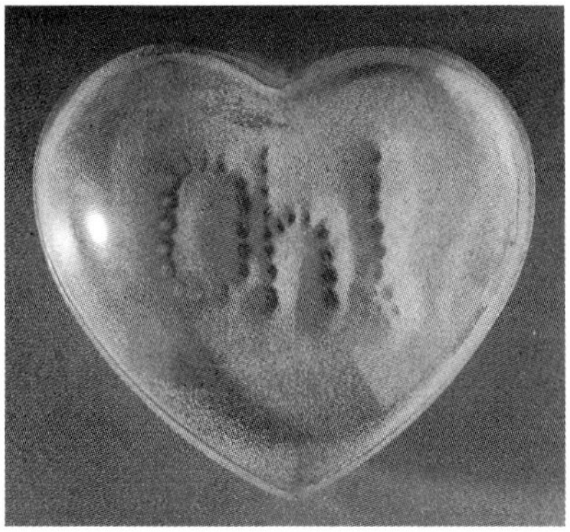

Objekt-Dose – oh! Vielleicht ein Überraschungsgeschenk? Der eingeklebte Cello-Zwischenboden ist mit dem Wort oh! perforiert worden.

Als Material eignen sich durchsichtige Verpackungen aus Kunststoff, Plastik, Cellophan: Dosen, Becher, Nagel- und Schraubenschachteln, Pailletten-, Glimmer-, oder Drahtröhrchen aus dem Bastelbereich mit entsprechenden Zapfenverschlüssen aus Weichplastik. Kleine Trichter sind in Apotheken, grosse in Warenhäusern erhältlich.

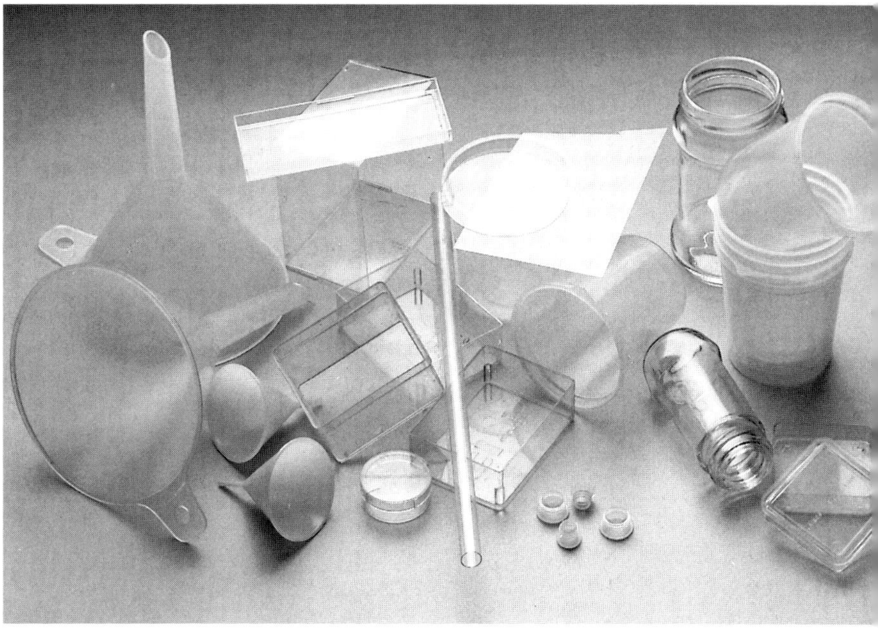

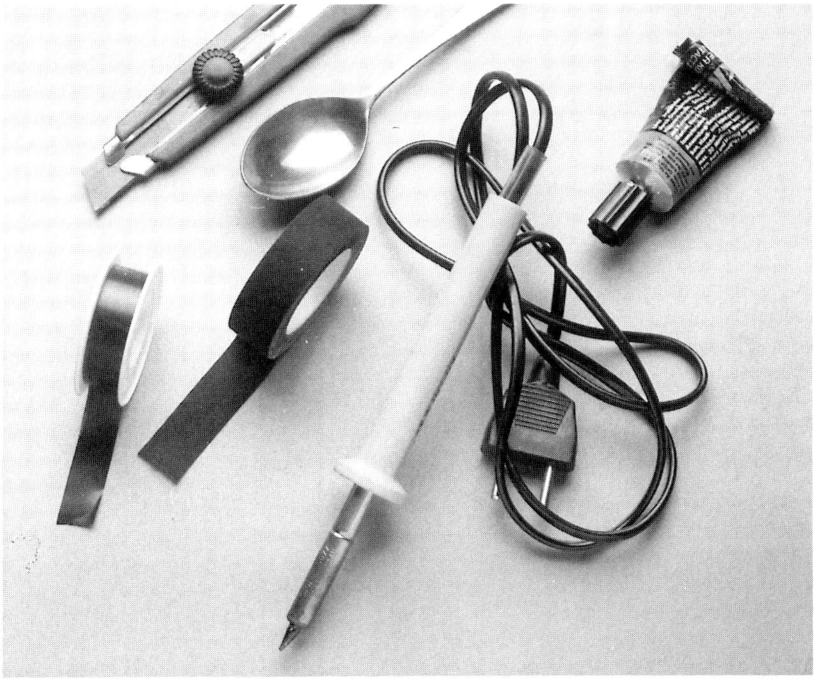

Als Werkzeug dient ein elektrischer Brennstab zum Ausbrennen der Löcher. Mit dem Stanleymesser können störende Ränder zurückgeschnitten werden. **Zubehör** wie Isolier- oder Dichtungsband und Transparentkleber aus der Tube sind für die Montage unerlässlich.

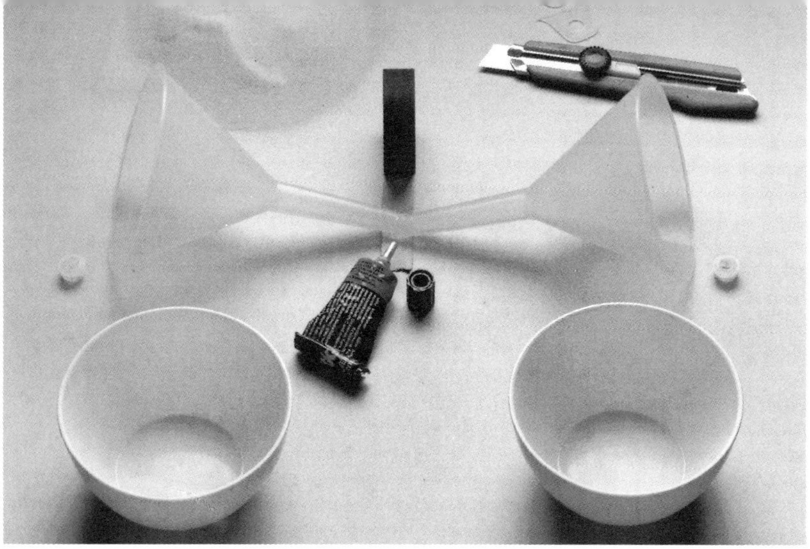

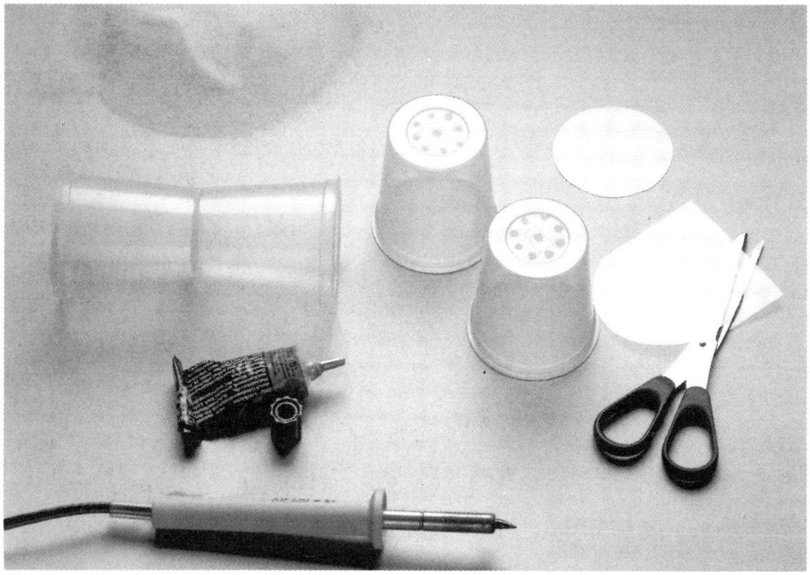

Sandtrichterspiel – 3-Minuten-Uhr

Mit dem Messer entfernst du die Randhalterungen der beiden Trichter. Dann bestreichst du den Rand der Rohrenden mit Leim. Lasse ihn kurz antrocknen. Jetzt presse die Rohre aneinander und umklebe sie mit dem Dichtungsband. Zwei Weichplastikzapfen werden später in den Trichtereinsatz geklebt. Zuerst brennst du aber mit dem Brennstab je ein feines Loch in die Zapfen (an einem Kartonresten kannst du den ausgebrannten Kunststoff abstreichen). Die beiden Sand-Depotschalen hast du deinem Trichterdurchmesser entsprechend ausgesucht. Der Trichter muss etwa 2 cm tief in die Schale passen.
Bestreiche einen Trichterrand mit Leim und drücke die Trichterinstallation in die eine Schale. Warte, bis der Leim trocken ist. Dann kannst du den Sand durch den offenen Trichter einfüllen.
Beachte, wieviel Zeit dein Sand braucht, bis das untere Depot gefüllt ist. Nun kannst du die «Uhr» schliessen: Den Trichterrand wieder mit Leim bestreichen und die zweite Schale aufdrücken.

Becherturm

Zeichne zuerst mit einem Filzstift die Lochverteilung auf deine Becherböden oder Cellophandeckel.
Schöne Sandmuster ergeben sich durch zentrisch angelegte Ordnungen. Kommen zwei Becherböden aufeinander zu liegen, brennst du dein Muster gleichzeitig durch beide Ebenen. Jetzt kannst du dein vorbereitetes Objekt zusammenleimen: Die Ränder der Behälter sowie die Flächen zwischen den ausgebrannten Löchern müssen sorgfältig mit dem transparenten Leim bestrichen werden. Wo zuviel Leim haftet, entstehen «Kragen», die den rieselnden Sand aufhalten können.

Die Sandspielbahn

Der Sand am Strand gehört zu den schönsten Spielmaterialien im Freien. Er begeistert Kinder und Erwachsene . . . sich eingraben und ausbuddeln, die feinen Körner über Beine und durch Hände rieseln lassen . . .
Im feuchten festgeklopften Sandberg kannst du mit deiner grössten Tonmarmel eine Rennbahn bauen . . .

Sand zum Bauen

Nasser Sand ist ein kurzlebiges, aber faszinierendes Baumaterial. Benütze die Sohlen deiner Strandschuhe oder suche ein flaches Stück Holz. Damit kannst du den nassen Sand nicht nur anklopfen, du kannst ihn damit zum Würfel, Zylinder oder zur Pyramide formen. Plane dein «Bauwerk» so, dass du an der Sandbergspitze beginnst!

Steinspiele im Freien

Das Mühlespiel

Mit einem Stück Kreide, einer Tonscherbe oder einem farbigen Kiesel malst du das Spielfeld auf den asphaltierten Boden oder auf die Steinplatte; die Seitenlänge des innersten Quadrates beträgt etwa 8 cm, das darauffolgende 14 cm und das äusserste 20 cm. Das Mühlespiel wird zu zweit gespielt. Jeder Spieler erhält 9 Spielsteine. Wenn du keine eigenen angefertigt hast, kannst du dir gleichfarbige und gleichgrosse Kiesel suchen.

Steinstrukturen

Mit Seiden-, weichem Japanpapier, Kreide oder mittelhartem Bleistift ausgerüstet, lassen sich im Freien die schönsten Steinstrukturen einfangen. Das Abrubbeln kann echte Entdeckungsreisen auslösen ...
Zu Hause mit einem Fixativ besprüht, können Papiercollagen oder gar kostbare Geschenkpapiere entstehen.

Serata

Aus den Zeiten der Sumerer, vor etwa 5000 Jahren, stammt dieses Spiel. Auch heute noch wird es im Fernen Osten, in Indien oder im afrikanischen Busch gespielt.
Es ist ein Spiel für zwei Personen: Du gräbst mit einem Tennisball je 6 gegenüberliegende Vertiefungen, also 12 Mulden, in den Sand. Links und rechts davon hebst du eine grössere Vertiefung aus, das sind die Sammelbecken. Nun legt jeder Spieler in jedes der 6 Grübchen einen oder mehrere Spielsteine. Das Spiel kann beginnen. (Auf Seite 29 erfährst du die genauen Spielregeln.)

Steine entdecken

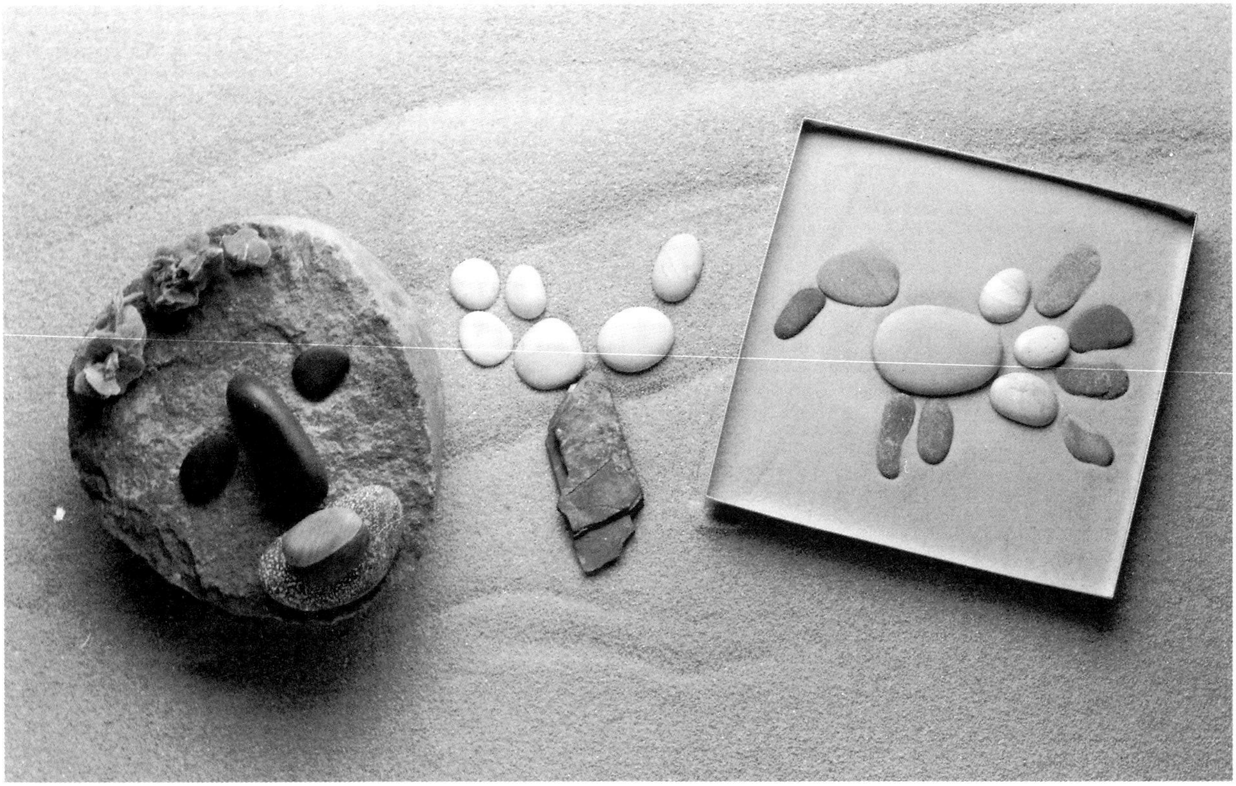

Aufeinandergelegt staunt plötzlich ein Gesicht in die Welt ...

Aneinandergereiht entstehen Bilder, neue Oberflächen. Herrlich sind die Kopfsteinpflästerungen der alten Plätze im Süden!

Als Objekt-Bilder kann man sie im Sand oder auf passender Unterlage für eine Weile aufbewahren ...

... oder im Freien zu Stein-Skulpturen aufbauen. Kinder werden gebannt nach passenden Steinen Ausschau halten, um den Steinturm kunstgerecht zu equilibrieren.

Gestalten mit Steinen

Wer sich mit offenen Augen der Steinwelt zuwendet, entdeckt bald am Wegrand, an Bächen, im Flussbett, am Seeufer, in den Bergen und am Meer ihre reiche Vielfalt.
Steine sind höchst interessante Objekte. Man kann sie nach Formen sammeln (ich kenne jemanden, der eine Herz-Steinsammlung zusammenträgt!), nach Aderzeichnungen, Strukturen, Oberflächen, nach Feinheiten und Farben. – Es gibt Menschen, die stets eine Steinkostbarkeit in der Hosentasche mit sich tragen. Denn kaum liegen sie in der Hand, werden sie warm. Man kann sie wenden, drehen, durch die Finger gleiten lassen. Steine sind fantasieanregend. Das Spiel mit den Steinen ist unendlich . . .

Im Setzkasten erhalten auserwählte **Steinkostbarkeiten** einen gebührenden Platz . . .

. . . oder sie ergänzen die im Sand eingepflanzten Kakteen und machen den kleinen Sukkulentengarten vollständig.

Mit der «Erde» malen

Arbeitsplatz

Ein gut hergerichteter Arbeitsplatz ist die beste Voraussetzung für das Gelingen: Die Tischplatte sollte glatt sein und mit Packpapier oder einem Plastiktischtuch gut abgedeckt werden. Die Rückseite eines Kuchenblechs ist eine ideale Unterlage für entsprechende Papierformate. Für diese Färbetechnik eignet sich Zeichenpapier. Mit einem nassen Schwamm streichst du über das aufgelegte Papier. Die Fläche soll gleichmässig feucht sein. Mit einem breiten Borstenpinsel trägst du die Farben gleichmässig auf.

So wird der Kleister hergestellt

Für einen Farbtopf Leim genügen 85 g Mehl und ½ l kaltes Wasser. Giesse das Wasser unter ständigem Rühren zum Mehl. Lasse sodann den Brei etwa ½ Stunde ruhen. Jetzt kannst du die Masse in einem alten Marmeladeglas im Wasserbad langsam erhitzen. Vergiss nicht, stets zu rühren. So bleibt die Masse nicht am Boden kleben und wird auch nicht klumpig. Koche den Kleister während zehn Minuten. Der fertig ausgekühlte Kleister soll eine cremige Konsistenz haben.

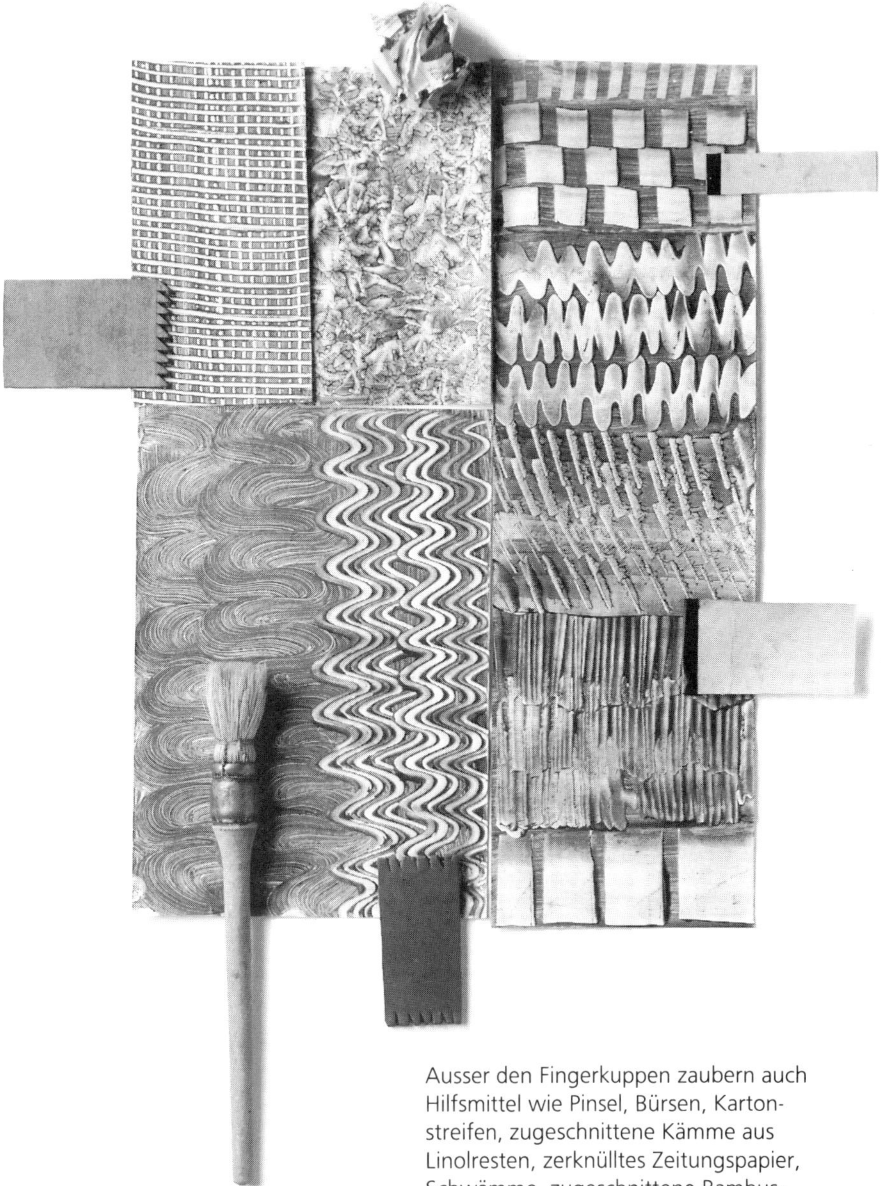

Ausser den Fingerkuppen zaubern auch Hilfsmittel wie Pinsel, Bürsen, Kartonstreifen, zugeschnittene Kämme aus Linolresten, zerknülltes Zeitungspapier, Schwämme, zugeschnittene Bambusstäbe und dergleichen mehr reizvolle Dekorationen. Die eingefärbten Papieroberflächen verwandeln sich zu einmaligen Unikaten.

Engoben

Die Töpferfarbe Engobe ist farbiger Ton in Pulverform. Sie wird mit Wasser zu einem flüssigen Brei angerührt. Das Werkstück kann damit übergossen, eingetaucht oder mit dem Pinsel übermalt werden. Mit Holzstäbchen entstehen Tupfen oder Linien. Die Farben nur **einschichtig** aufmalen! Beim Brennen splittert zu dick aufgetragene Engobe ab. Engoben gibt es im Fachhandel. Wer sich ausgiebiger mit diesem Farbthema beschäftigen möchte, soll sich Fachliteratur beschaffen, denn du kannst dir deine Engoben auch selber mischen:

Blau entsteht aus weissem Tonpulver und zugefügtem 1–3% Kobaltoxyd,

Braun durch rotbrennendes Tonpulver und beigemengtem 5–10% Eisenoxyd,

Grün aus weissem Tonpulver und beigemischtem 2–5% Kupferoxyd.

Pigmentfarben

Pigmentfarben sind Erd- oder Staubfarben, d.h. sie bestehen aus feingemahlenen Steinen oder feingemahlener Erde. Zugemischte Oxyde verbreitern die Farbauswahl: Umra natur, Umbra gebrannt, Siena natur, Steina gebrannt, grüne Erde, Chromoxydhydratgrün, Kasslerbraun, Pariserblau, Ultramarineblau. Deckende Staubfarben sind: Zinkweiss, Neapelgelb, Ocker, Oxyd- oder Englischrot, Zinnoberrot, Beinschwarz, Coelingelb.
In einer Schale kannst du die Pulverfarben mit wenig Wasser anrühren. Du mischt sie mit dem Kleister, damit bekommt die Farbe ihren Träger. Der Kleister soll genug dunkel eingefärbt sein, denn nach dem Trocknen ist der Farbton heller! Mische nie mehr als 2–3 Farben miteinander. Zuviele verschiedene Farben ergeben schmutzige Farbtöne.

Anleitung zum Serata-Spiel

Jeder Spieler übernimmt seine 6 Grübchen und das rechts davon liegende Sammelbecken. Ziel des Spieles ist es, möglichst viele Spielsteine in das eigene Sammelbecken einzubringen.

Spielverlauf: Spieler A beginnt: Auf seiner Seite leert er eine beliebige Mulde und verteilt die herausgenommenen Steine in der Gegenuhrzeigerrichtung so, dass der Reihe nach in jede folgende Mulde ein Stein gelegt wird. Reicht die Anzahl der Steine über das eigene Sammelbecken hinaus, muss die Verteilung der Steine auf der Seite des Gegners fortgesetzt werden, das gegnerische Sammelbecken aber darf übersprungen werden. Die im Sammelbecken liegenden Steine ruhen dort bis zum Spielende. Spieler B verfährt gleich wie Spieler A.
Wenn auf einer Seite alle Mulden leer sind, ist das Spiel beendet. Hat einer der Spieler noch Steine in seinen Mulden, darf er sie ins Sammelbecken legen und diese mitzählen. Wer am meisten Steine hat, ist Sieger.

Spielregel 1: Landet der letzte Stein im Sammelbecken, darf man nochmals spielen.

Spielregel 2: Wenn der letzte Stein in eine eigene leere Mulde fällt, fängt man alle Steine der gegnerischen Mulden. Diese Steine kommen mit dem letzten Stein zusammen in das Sammelbecken. – Der Gegner darf nun weiterspielen.

Hinweis: Je mehr Spielsteine zu Beginn in die Mulde gelegt werden, desto grösser werden die Kombinationsmöglichkeiten.

«Sprudelnde, rieselnde, quirlende Quelle,
liebliche, gleitende, eilende Welle!
Walle, du Lächelnde, zwischen den Wiesen,
Perle du, rausche du über die Fliesen.
Rolle die holprigen Kiesel im Grund,
lecke die Blöcke, die kantigen rund!»

E. Bühler, M. Lobeck

Vom Kreislauf des Wassers

Das Wasser verdunstet überall: von Flüssen, Seen, Meeren, von der Erde, den Bäumen, allen Pflanzen. Das Wasser verschwindet nicht einfach! Verdunsten heisst: Es verdampft und verbindet sich mit der Luft. Der Wassergehalt der Luft ist für alle segensreich, ohne Luftfeuchtigkeit gäbe es keine Niederschläge: «Es rauscht der Regen und strömt der Segen» ist eine Volksweisheit. Der Regen säubert die Luft von Unreinheiten fester Form. Die Pflanzen saugen das Wasser auf. Was sie nicht brauchen, geben sie durch die Blätter an die Luft zurück. – Hauche gegen eine Fensterscheibe. Mit deinem Atem setzen sich winzige Wassertröpfchen auf das Glas. Du siehst, dein Atem enthält auch Wasserdampf!

Kreislauf des Wassers
① Die Sonne erwärmt die Erde und das Wasser.
② Das Wasser verdunstet, und der Wasserdampf steigt mit der warmen Luft auf.
③ Es bilden sich Wolken.
④ Die Wolken steigen weiter und kühlen sich ab.
⑤ Es beginnt zu regnen.
⑥ Die Pflanzen und Bäume saugen das Regenwasser auf.
⑦ Durch die Blätter atmen sie das restliche Wasser aus.
⑧ Es entstehen neue Wolken.

Wasser kann tragen, antreiben, klingen
Wasser hat Kraft
Wasser ist formbar

Wasser beobachten

Der Wasserkreislauf im Glas

Dazu brauchst du ein grosses, sauber ausgetrocknetes Einweckglas. Auf den Boden verteilst du wenig Holzkohlenstücke. Sie vermeiden, dass Schimmelpilz wachsen kann. Dann gibst du am besten keimfreie Saaterde darüber (Saaterde wird sterilisiert). Kohle und Erde füllen etwa ¼ des Gefässes.
In die Mitte setzt du eine langsam wachsende Pflanze. Destilliertes oder abgekochtes, ausgekühltes Wasser kannst du nun eingiessen. Verschliesse die Öffnung mit einer Klarsichtfolie aus der Küche und einem Gummiband.
Stelle das Glas an einen hellen Standort ohne direkte Sonneneinstrahlung, die Temperatur im Glas würde zum heissen Treibhausklima!
Deine Pflanze saugt das Wasser auf und «atmet» es durch die Blätter aus. Es verdunstet. Die Luft wird feucht. Zwar entstehen keine Wolken, aber die Glaswand ist mit feinsten Wassertröpfchen beschlagen. Diese rinnen an der Glaswand herunter auf die Erde – beinahe wie Regen. Aus der Nähe kannst du das Wachstum deiner Pflanze beobachten.

Stecknadel-Experiment

Fülle eine Schale oder ein Glas mit Wasser. Schneide ein Stück Fliesspapier etwas grösser als eine Stecknadel zu. Setze beides sorgfältig auf das Wasser. Beobachte! Hat sich das Fliesspapier mit Wasser vollgesogen, sinkt es ab. Die Stecknadel schwimmt auf der Wasserfläche.
Erklärung: Das Wasser besitzt eine Oberflächenspannung. Die Nadel liegt in diesem Spannungsbereich. Berührst du aber sachte die Wasseroberfläche, sinkt die Stecknadel sogleich. Du hast die Spannung unterbrochen.

Ei-Experiment

Meerwasser trägt besser! Dass ein Ei zu schwimmen kommt, zeigt der folgende Versuch: Du füllst ein hohes Einzweckglas zur Hälfte mit Wasser. Streue 3–4 EL Salz hinein und löse es vollständig auf. Lasse ein rohes Ei langsam ins Wasser gleiten. Dein Ei schwimmt. Giesse vorsichtig und langsam frisches Wasser über das schwimmende Ei. Vorerst bleibt es in der Schwebe. Die Auftriebskraft des Salzwassers wirkt nicht nur auf das Ei, sondern auch auf das frische Wasser. Überwiegt das Süsswasser, sinkt dein Ei langsam ab.

Der See im Wasserglas

zeigt dir eine zauberhafte Auswahl an Naturwundern. Wähle dazu einen genug grossen Glasbehälter (aus dem Aquarienhandel oder Laborbedarf). Auf den Boden gibst du etwa 5–7 cm hoch gewaschenen Sand oder feinen Kies. (Keine Erde – Krankheitskeime können sich einschleichen!) Verteile den Sand auf dem Boden von der vorderen Glaswand leicht zur hinteren ansteigend.

Wasserpflanzen erhältst du beim Aquarienhändler. Es eignen sich: Wasserpest (Eloda densa), Sumpfschraube (Vallisneria spiralis), Schwimmendes Pfeilkraut (Sagittaria natans), Tausendblatt (Myriophyllum) und Ludwigie (Ludwigia), sowie Schaubenvallisnerie (Vallisneria americana). Wildwachsende Wasserpflanzen sind nicht empfehlenswert. Sie wachsen schnell und brauchen viel Platz. Für sie müsstest du einen grossen Behälter im Freien einrichten.

Das Pflanzen: Du bohrst mit den Fingern ein Loch in den Sand, steckst die Wurzeln deiner Pflanze in die Vertiefung und drückst den Sand fest an. Setze die Pflänzchen in den näheren Bereich der Glaswand, die kleinen eher vorne, die grösseren dahinter.

Langsam füllst du handwarmes Wasser ein. Damit der Sand nicht aufgewirbelt wird, kannst du ein Papier auf die freie Bodenschicht legen.

Spitzhornschnecken (lynea stagnalis) sind ideale «Seebewohner». In unermüdlicher Kleinarbeit raspeln sie den Algenbelag von Wasserpflanzen und Glaswänden. Sie sorgen für klares Wasser. (Für 1 m^2 Wasseroberfläche braucht es nur 5 Schnecken!!)
Wasserschnecken scheiden einen Teil ihrer Nahrung aus. Dieser wird von Bakterien weiter abgebaut. Dabei bilden sich Düngersalze, die den Pflanzen zu gutem Wachstum verhelfen. Absterbende Wasserpflanzen wiederum werden von den Schnecken verzehrt. Damit ist der Kreislauf in deinem See geschlossen.

Was ist stärker als Feuersglut?
Die feuerlöschende Wasserflut!

Im Wasser angesiedelte Pflanzen wachsen schneller: Wasserlinsen breiten sich auf Tümpeln und Teichen in kürzester Zeit zu grossen Teppichen aus –, in nasser Watte verpackte Bohnen treiben nach wenigen Tagen ihre Keimlinge –, Tulpen wachsen in der Vase weiter.
In der Pflanzenvermehrung verhilft das Wasser bei speziellen Pflanzen zu einer schnellen Bewurzelung. Es eignen sich Begonienarten, der Cyperus Papyrus oder wie auf dem Bild die Ausläufer des Chlorophytum oder Rhoeo.

Wasser trägt

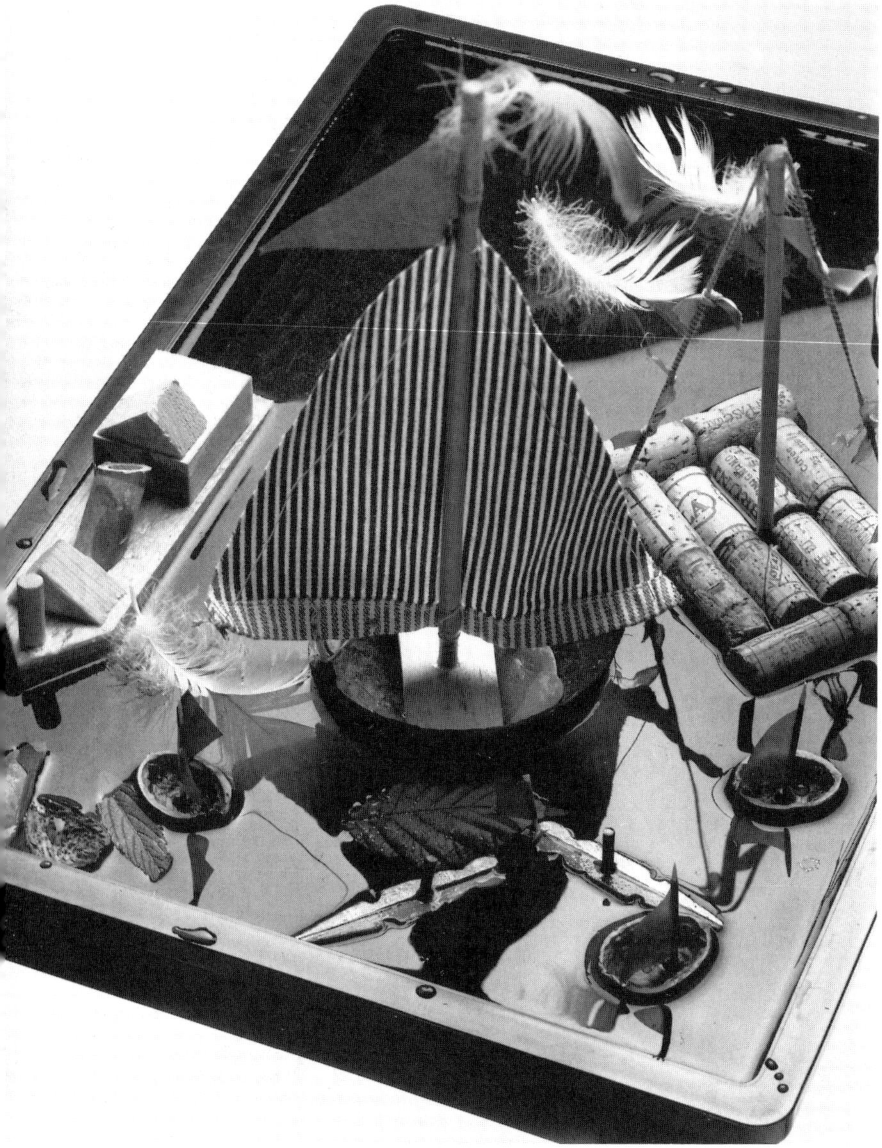

... mit Leichtigkeit Blätter, Vogelfedern – und Nussschalen. Letztere sind die einfachsten Boote. Sie setzen keine Konstruktionen voraus.
Der grosse und die kleinen Flussdampfer sowie das Korkenfloss brauchen etwas Vorarbeit, bis sie zum Schwimmen kommen.

Flussdampfer aus Holzwäscheklammer

Du brauchst:
1 Holzwäscheklammer, 1 Zahnstocher, 1 Grillstäbchen aus der Küche, 1 Joghurtbecher, Papier für die Flagge, Weissleim, Lackfarbe, Pinsel, Schere

Löse das Metallstück von der Wäscheklammer. Lege die beiden Teile an den Flachseiten zueinander. In das entstandene Loch steckst du ein abgelängtes Grillstäbchen als Kamin.
Du spaltest den Zahnstocher zur Fahnenstange und klebst eine Papierflagge daran. Auf der Bootsunterseite, im Bereich des Kamins, setzt du den Kiel ein. Er hat eine abgerundete Dreieckform und ist aus einem Joghurtbecher geschnitten. Nun klebst du alle vorbereiteten Teile in- und aneinander. Ist der Leim trocken, bemalst du den Dampfer mit Lackfarbe.

Nussschalenboote

In die **Walnussschalen** tropfst du genügend Kerzenwachs. Mit einem Zahnstocher spiesst du das Papiersegel auf und drückst es in das Wachs, bevor es hart ist.
In der **Kokosnussschale** hält eine aus Balsaholz gesägte, eingepasste Bank den Segelmasten. Er ist aus einem Bambusstecken. Stoffsegel und Flagge sind mit Leinenzwirn daran gebunden. Zwei hinten am Schiffrand eingeklebte Zahnstocher halten das Segel.

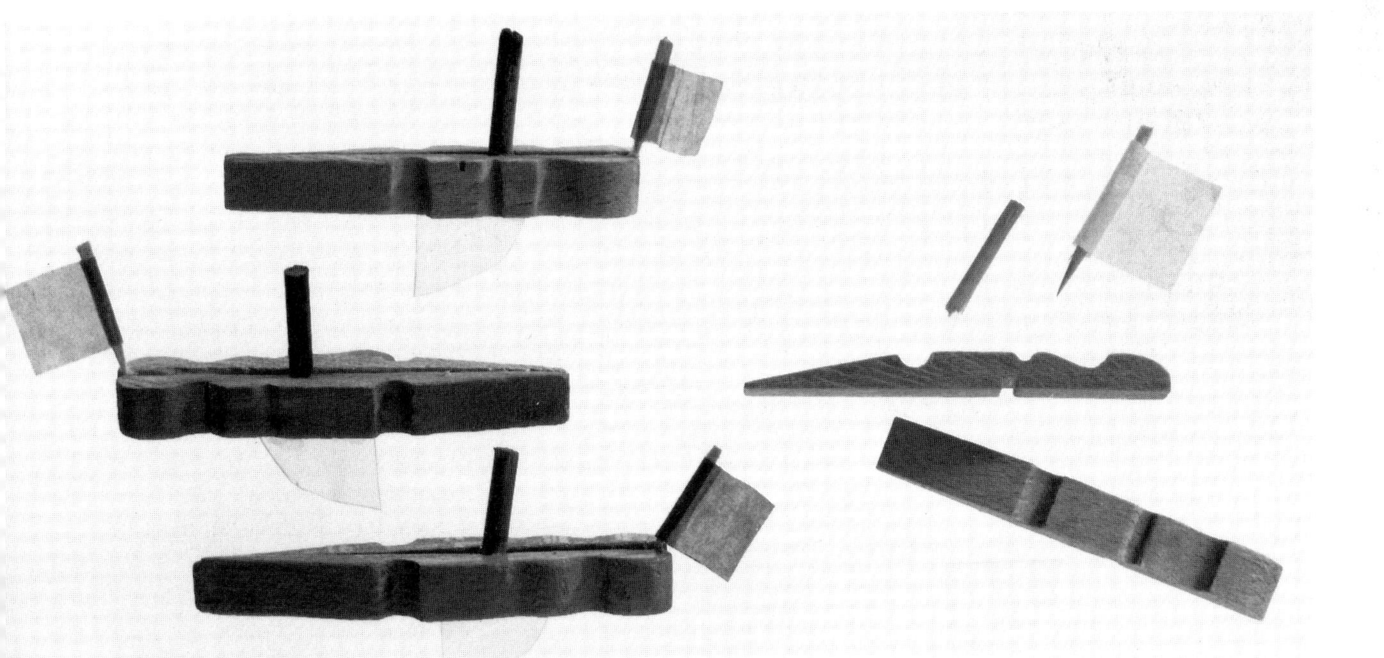

Korkenfloss

Du brauchst:
für ein kleineres Floss 12–15 Korken, Zahnstocher, Grill- oder Blumenstäbchen, Schnur und Geschenkbandresten, Filzstift, Ahle, wenig Weissleim

Du legst die gesammelten Korken zu einer rechteckigen Fläche aus. Markiere mit einem Filzstift, wo sich die Korken berühren. Mit der Ahle stichst du an diesen Stellen ein feines Löchlein in die Zapfen. Die Enden der vorbereiteten 1,5 cm langen Zahnstocherstücke betupfst du mit wenig Leim und drückst sie in die Löcher. Die noch vorstehenden Stücke verbindest du mit den anliegenden Korken. Soll das Floss einen Mast erhalten, stichst du dafür ein Loch in die Mitte des Korkenflosses. Du klebst das mit Schnur und Geschenkbandflaggen bespannte Blumenstäbchen als Mast ein.

Flussdampfer aus Abfallholz

Du brauchst:
Holzleisten, evtl. alte Bauklötzchen, Dübelstangenresten, Bambusrohrstücke, 2 Agraffen, 1 Nagel, ein Stück Folie, Weissleim, Handsäge, Hammer

Aus einer Holzleiste sägst du zuerst den Schiffsrumpf. Er ist der Träger von Kamin, Kabine, Dach usw. Voraussetzung: Verteile die Aufbauten im Gleichgewicht – in einem Waschbecken kannst du das erproben, bevor du die Stücke festleimst.

Das Ruder besteht aus einem Bambusrohr. Es wird oben rechtwinklig mit einer abgelängten Holzleiste vernagelt. Unten sägst du einen 5 mm langen Schlitz ein. In diesen steckst du das Ruder. Eine ausgediente, aufgeschnittene, gereinigte Senftube ersetzt die teure Folie. Mit der Schere schneidest du daraus eine Ruderschaufel. Leime sie in den gesägten Schlitz. Mit den Agraffen befestigst du das Ruder am Boot.

Die Flaschenpost

Wusstest du, dass Mitte des 19. Jahrhunderts die Golfströmung mittels Flaschenpost erforscht wurde?
Ab die Flaschenpost! – Es wird ein spannendes Ferienspiel, an einem ausgesuchten Flussstück mit wenig Strömung eine Post per Flasche zum anderen Ufer zu senden!

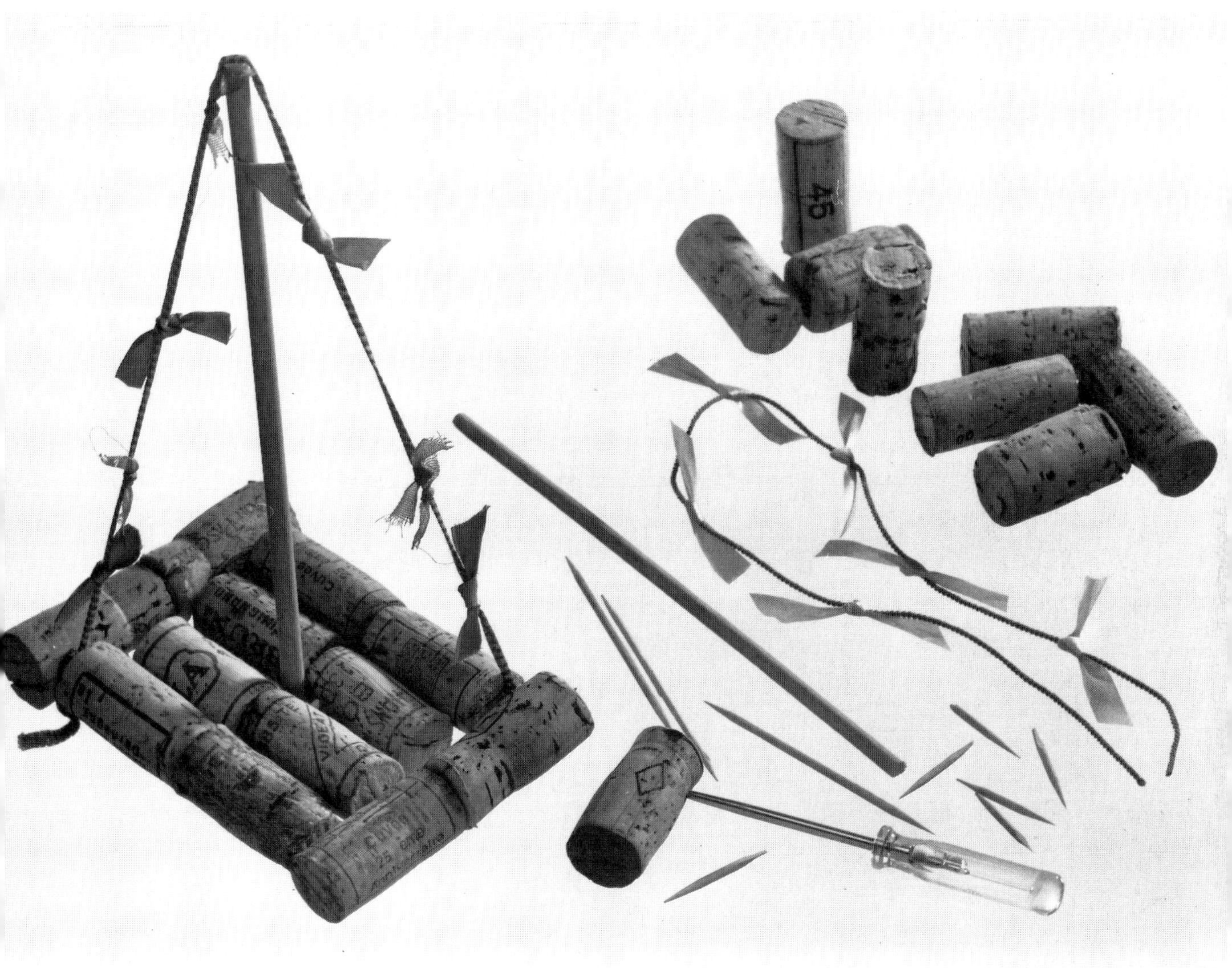

Du brauchst dazu eine Flasche, einen dichtschliessenden Flaschenkorken, etwas Siegellack und eine Kerze. Deine schriftliche Mitteilung schiebst du, an einem Faden befestigt, in die Flasche. Das andere Fadenende bindest du an einen Flaschenkorken. Dann machst du die Flasche dicht: Mit flüssigem Siegellack schliesst du die letzten Ritzen am eingekeilten Korken.

Wasser hat Kraft

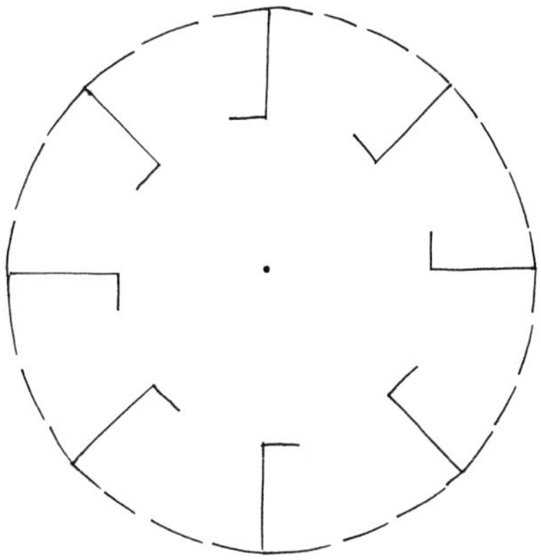

In alten Zeiten nutzten der Müller und der Säger die Wasserkraft. Das Wasserrad trieb die Steine der Mühle, die das Korn mahlten. In der Sägerei liess das Wasserrad das Sägeblatt durch die Baumstämme sausen.
An der Brunnenröhre, am Wiesen- oder Bergbach, notfalls am Badewannenhahn treibt auch heute noch das Wasser kleine Räder an . . .

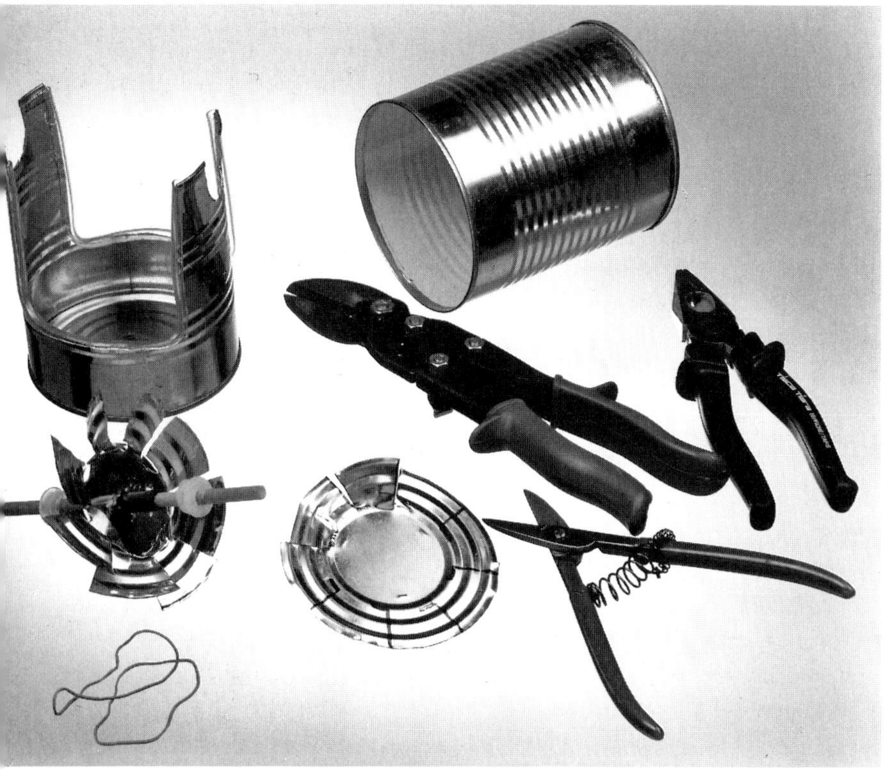

Ein Wasserrad aus Blech

Nebst einer grossen leeren Konservendose brauchst du eine Blechschere. Mit dem Büchsenöffner entferne den Deckel. Dann zeichne mit dem Filzstift, nach dem Schema, die Schaufeleinschnitte darauf. Ins Zentrum stichst du mit der Ahle ein Loch. Mit den Spitzen der Blechschere weitest du das Loch etwas aus, bis es auf den Rundstab deiner Achse passt. Nachdem die Schaufeln geschnitten sind, winkelst du sie mit einer Flachzange an. Je nach Wasserstrahl müssen sie steiler oder flacher stehen. Setze das Rad auf die Achse und klebe es mit Isolierband links und rechts fest: Es kann sich nun weniger verschieben.
Aus derselben Büchse schneidest du eine Radhalterung. Bei den seitlichen Einschnitten bringst du an der Achse eine Führung an: Verschlusskapseln aus Kunststoff, oftmals an Arzneifläschchen zu finden, durchbrennst du mit dem elektrischen Brennstab, bis die beiden Feststeller satt auf der Achse sitzen.

Tip: Blechschnittkanten sind gefährlich. Mit einem geschlitzten Kunststoffschlauch eingefasst, verletzt sich keiner mehr!

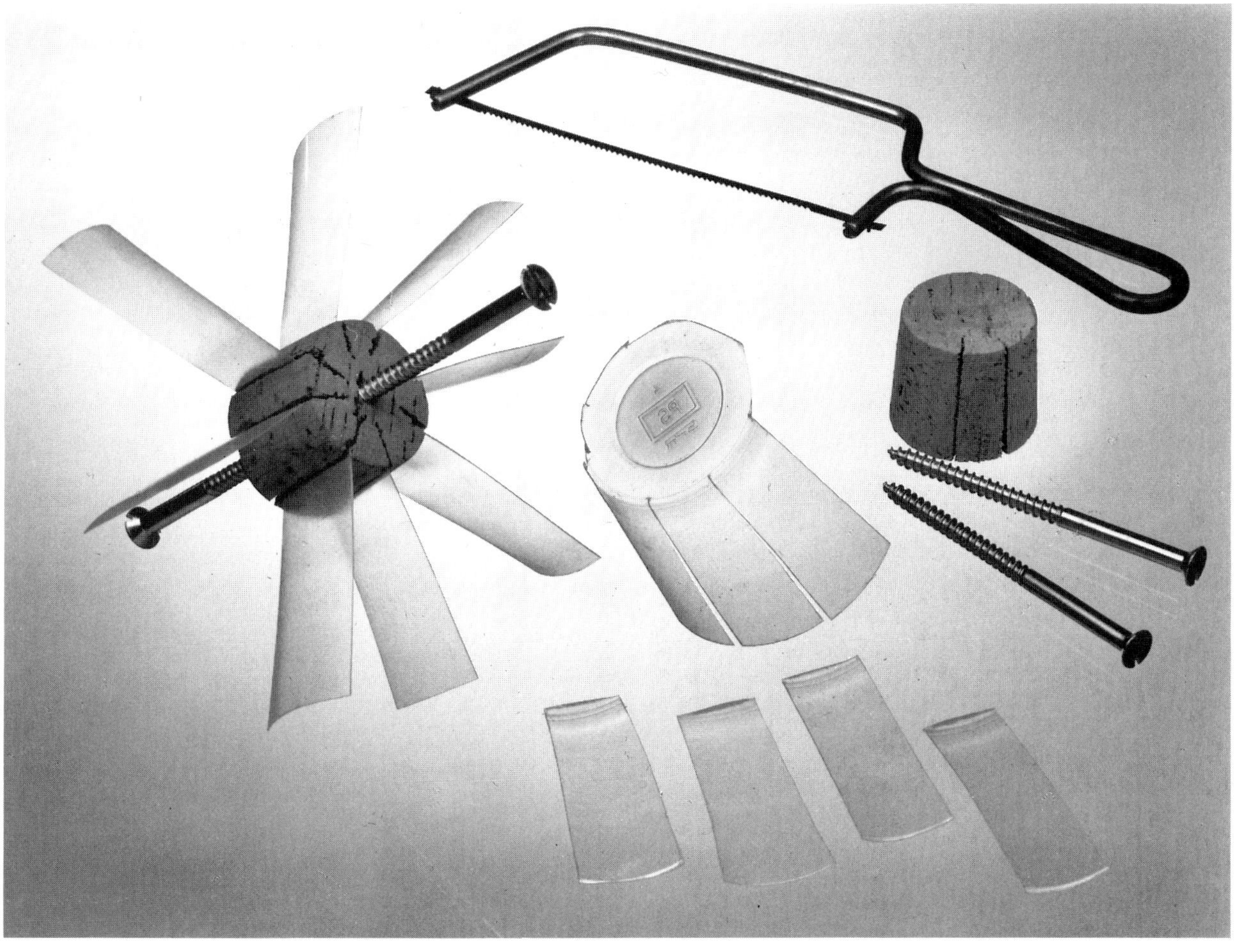

Ein Wasserrad aus einem Korkenzapfen

Du brauchst:
einen Korkenzapfen mit mind. 4 cm Durchmesser, 2 Schrauben, leere Joghurtbecher für die Wasserschaufeln, Schere, Handsäge, Ahle.

Verteile auf den Kreis des Zapfens die Anzahl der Schaufeln und bezeichne mit einem Stift die Einschnittstellen. (Minimalabstand 1 cm). Säge 9 mm tiefe Schlitze. Aus den Joghurtbechern schneide die Schaufeln etwa 6,5 cm lang, beim Einschnitt 2,5 cm und an der Schaufelaussenseite 3,5 cm breit. Mit der Ahle stichst du für die Schrauben ein Loch.

Wasser lässt sich leiten

Das Stauen am Bach – Seen ausbaggern, Verbauungen anlegen, diese zu Flüssen, Kanälen und Rinnsalen leiten – ist für alle ein gutes Erlebnis, dem Element Wasser zu begegnen.

Wasserinstallationen

Im Garten, auf dem Balkon, aber auch in der Küche sind vergleichbare **Wasserinstallationen** möglich. Allerdings braucht es zusätzliche Utensilien:
Eine grosse Spritzkanne als Wasserreservoir, Unterbauten wie Pfannen, Teigschüssel, Servierbrett u. a. sind nötig, weil das Wasser über verschiedene Ebenen fliessen soll. Dosen und Büchsen bilden die Zwischenstationen, unterschiedliche Schlauchstücke schaffen die Verbindungen.
Die Büchsen musst du für die Aktion vorbereiten: Mit der Ahle bohrst du Löcher in die Blechwände und weitest sie anschliessend mit der Blechschere präzise aus, denn die Rohröffnungen müssen genau auf die entsprechenden Schlauchdurchmesser passen.

Der tanzende Wasserclown

Der Clown ist aus einer Kunststoffverpackung (Kekse) geschnitten und mit wasserfestem Filzstift bemalt. Du kannst ihn auch aus einem Stück Halbkarton schneiden – nur, bei einem Sturz ins Waser wäre er nicht wasserfest . . .

Du brauchst zusätzlich:
1 Flaschenkorken, 1,3 cm dick zugeschnitten
4 Drahtstücke 5,5 cm lang
Balsaholz und Kampfer aus der Drogerie. Handsäge, Sackmesser.

Das Balsaholz sägst du in 4 Teile: jedes 4,5 cm lang, 1,8 cm breit, und 1,2 cm dick.
Für die Kampferklötzchen schnitzt du mit dem Sackmesser einen knapp sitzenden Einschnitt.
Nun montierst du im Kreuz verteilt die 4 Drahtstücke an den Zapfen und die Holzklötzchen. In den zugeschnittenen Schlitz drückst du die Kampferstücke, und auf den Korkzapfen steckst du den Clown. Schwimmt die Installation auf dem Wasser, beginnt der Clown sich langsam zu drehen . . .

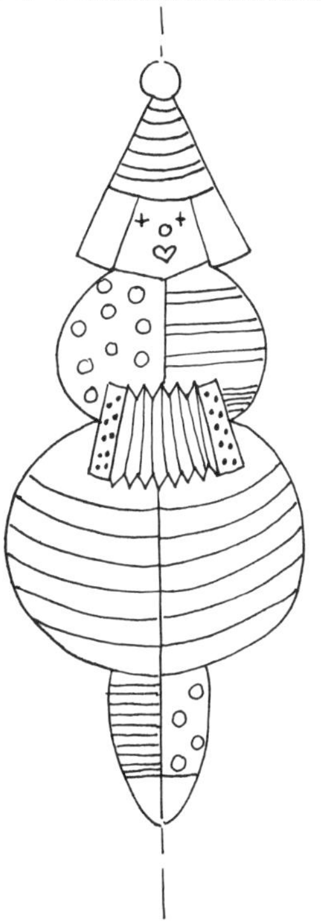

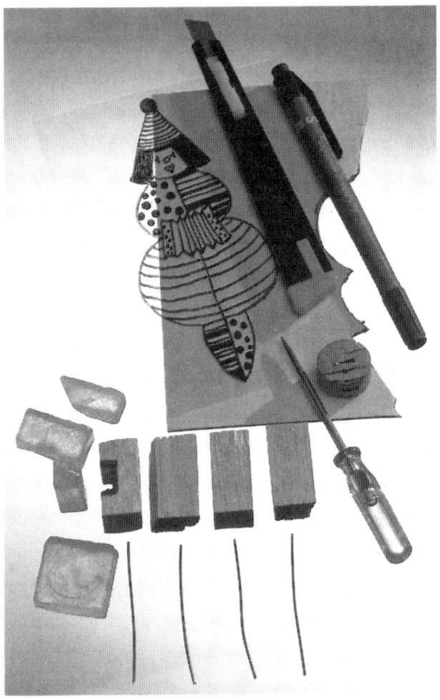

Wasser ist formbar

Wassereis

Aus Zitronenwasser, gesüsstem Tee oder Sirup kannst du dir deine eigenen gefrorenen Leckereien formen. Besonders reizvoll und zudem schmackhaft sind eingestreute Fruchtstücke. Lege diese zuerst in die Einfrierformen. Fixiere sie mit einem Zahnstocher, halte diesen und giesse sorgfältig langsam deinen Wassersaft ein. Nach etwa 4 Stunden ist das «Wasser» gefroren . . .

Schnee und Schneekristalle

Bei harter Kälte und eher leichtem Schneefall kannst du auf einer ausgekühlten dunklen Unterlage die Flocken fangen und durch eine Lupe beobachten: Frischgefallener Schnee besteht aus abertausend kleinen Sternchen! Ihre Formen scheinen zuerst verschieden. Beim näheren Hinsehen zählst du immer wieder einen **sechsseitigen Stern.** Feine Nadeln, von Luftzwischenräumen durchbrochen, geben dem Schnee die «weisse Farbe». Die Eisteilchen sind zwar durchsichtig. Es ist der Zauber des Lichtes, der diesen Eindruck verschafft. Wie Schnee entsteht, ist auch auf der Wasserkreislaufskizze, eingangs

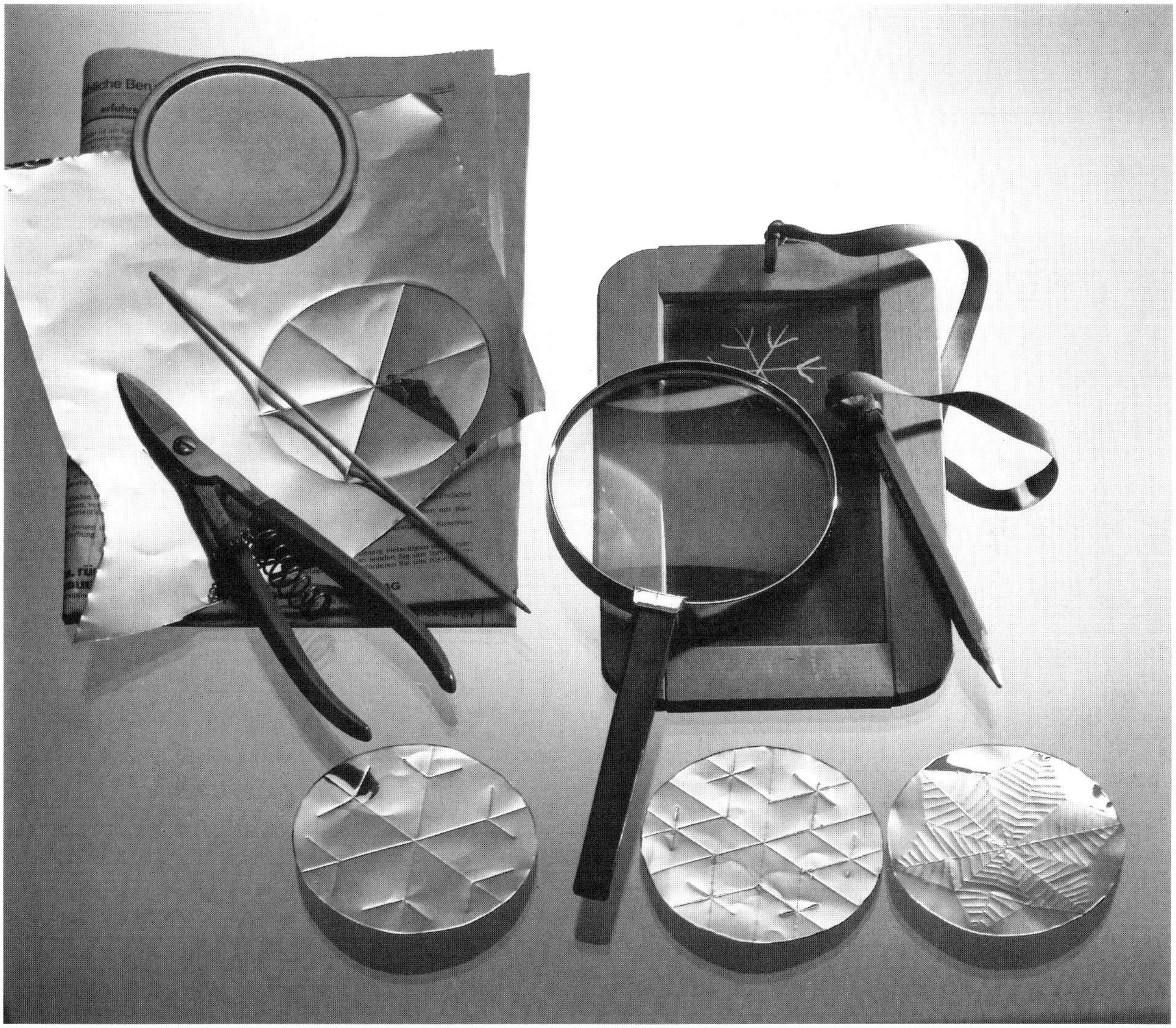

des Kapitels ersichtlich. Denn wenn die Lufttemperatur unter den Gefrierpunkt sinkt, gefriert der Wasserdampf, es bilden sich Eiskristalle, und es beginnt zu schneien.
Auf einem Stück Silberfolie kannst du mit einer Stricknadel die **drei Grundformen eines Schneekristallsternes** einritzen, sie machen sich schön an einem Winterfenster.

Wasser kann klingen

Wassermusik

Die fein schwingende Wassermusik begeistert gross und klein. Dafür eignen sich feinrandige Kelchgläser.
Du füllst die verschiedensten Gläser mit mehr oder weniger Wasser. Dann feuchtest du deinen Zeigefinger an und beginnst, mit der anderen Hand den Glasfuss haltend, über den Glasrand zu fahren. Bei genügend vorhandenen Gläsern kannst du versuchen, die Töne der Tonleiter abzustimmen.

Das Anklingen der Gläser ist ebenso reizvoll. Mit einem Silberkaffeelöffel schlägst du sachte an den Glasrand. Ein kurzer Ton klingt hell auf, ähnlich wie beim Anstossen. (Kristallgläser tönen am schönsten.)

Tropftöne

Wassertropf- und -rieselspiele sind Schönwetterspiele.
Der Gartenschlauch wird am wenig geöffneten Wasserhahn angeschlossen. Durch die Brausendüse rieselt das Nass in einen angebundenen Plastiksack. Ein Schläuchlein steckt in seiner Basismitte. Mit einem Isolierband klebt es am Sack und am Gummihandschuh.
Der Sack füllt sich langsam mit Wasser – fliesst in den Handschuh – die Finger werden prall. Durch die Nadelperforation an jedem Finger tropft schliesslich das Wasser rhythmisch gleichmässig, in leisen Gluckstönen in eine Wasserschale. Findest du neue, andere Durchtropfmöglichkeiten?

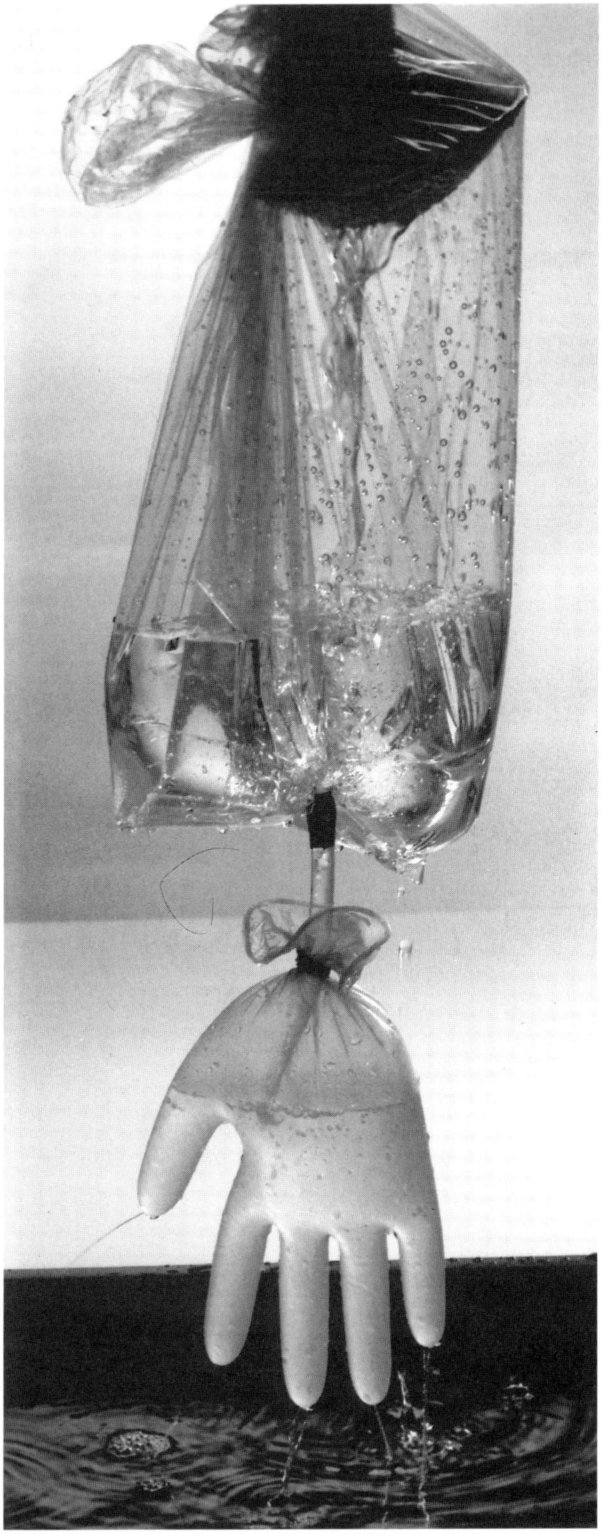

Mit Wasser und Farben malen

Nass in Nass malen

Du brauchst Aquarellblöcke. Oder du bespannst eine Pavatexplatte mit einem leicht gekörnten Zeichenpapier: Zuerst hältst du den Bogen unter das fliessende Wasser, oder du befeuchtest es flach auf dem Pavatex liegend mit einem nassen Schwamm. Mit benetzten gummierten Papierstreifen klebst du das Papier vierseitig auf die Platte. Warte, bis der Bogen trocken und gespannt ist! Benetze die Papierfläche erneut mit einem nassen Schwamm (es kann nun nicht mehr wellen). Mit Wasserfarben und grossen Pinseln tropfst du auf das Nass. Wiege und drehe den Farbtropfen, beobachte das Gerinnsel, das Zerfliessen, die Bewegung. Vielleicht greifst du ein und versuchst mit dem Pinsel eine Farbfläche auszudehnen. Lass dich von den fliessenden Farben «hineinspülen».

Kibitzen

Auf dem Wasser malen heisst Kibitzen oder Öltunktechnik.

Du brauchst:
eine mittelgrosse flache Plastikschale oder ein ausgedientes Kuchenblech mit Rand
Zeichenpapier und viel Zeitungspapier
Töpfe oder Gläser zum Mischen der Farbe
alte Stricknadeln, Strohhalme, Pinsel, Pipette
Ölfarben und Terpentinöl
Wäscheklammern

Du füllst die Wanne maximal 4 cm hoch mit handwarmem Wasser. Mit dem Pinsel, Strohhalm oder der Pipette tropfst du die ausgemischte Ölfarbe auf die Wasseroberfläche. Beobachte, wie sich die Farben netzartig ausbreiten. Mit Blasen oder mit dem Strohhalmende kannst du die Farben zum Fliessen bringen. Wellenartige Wirbelmuster oder sanfte, gerieselte Flächen entstehen. Scheint dir dein fliessendes Farbbild gelungen, setzt du den Papierbogen darauf. Auf der Rückseite siehst du schattenartig, wie das Papier die schwimmenden Farben aufnimmt. Jetzt ziehst du das Papier an zwei Ecken hoch, lässt es abtropfen und hängst es an die Wäscheleine oder legst es auf Zeitungspapier zum Trocknen.

«Alle teilen denselben Atem, das Tier, der Baum, der Mensch. –
Der Wind gab unseren Vätern den ersten Atem und empfängt ihren letzten. Der Wind muss auch unseren Kindern Lebensgeist geben.»

Häuptling Seattle

Ein kleiner Überblick zur Beschaffenheit unserer Luft

Unser Lebensraum ist von einem dünnen, kostbaren Luftgürtel umgeben. Fachleute teilen diesen in zwei Schichten: In der 10–15 km dicken **Troposphäre** spielen sich alle Wettervorgänge ab. In den nachfolgenden Höhen, etwa bis 65 km, breitet sich die **Stratosphäre** aus. In dieser Schicht gibt es keine Luftströmungen, und die Temperatur ist gleichmässig −55 °C. Die Luft besteht aus einem Gemisch von Gasen. Die wesentlichsten Teile heissen Sauerstoff und Stickstoff. Je nach Bedingungen enthält die Luft mehr oder weniger Wasserdampf. Andere Gase wie Kohlensäure, Helium, Wasserstoff, Ozon und Argon sind in geringen Mengen vorhanden.

Wind und Wolken

Der Luftdruck ist die Kraft, die die Luft bewegt. Der Druck ändert sich fortlaufend. So weht überall auf unserer Erde stets der Wind, allerdings verschieden stark. Die bekannten «Land-See-Winde» heissen Monsune, die «Pol-Tropen-Winde» Passate. Bei uns ist der warme Föhn bekannt oder die frische Bise aus dem Nordosten.

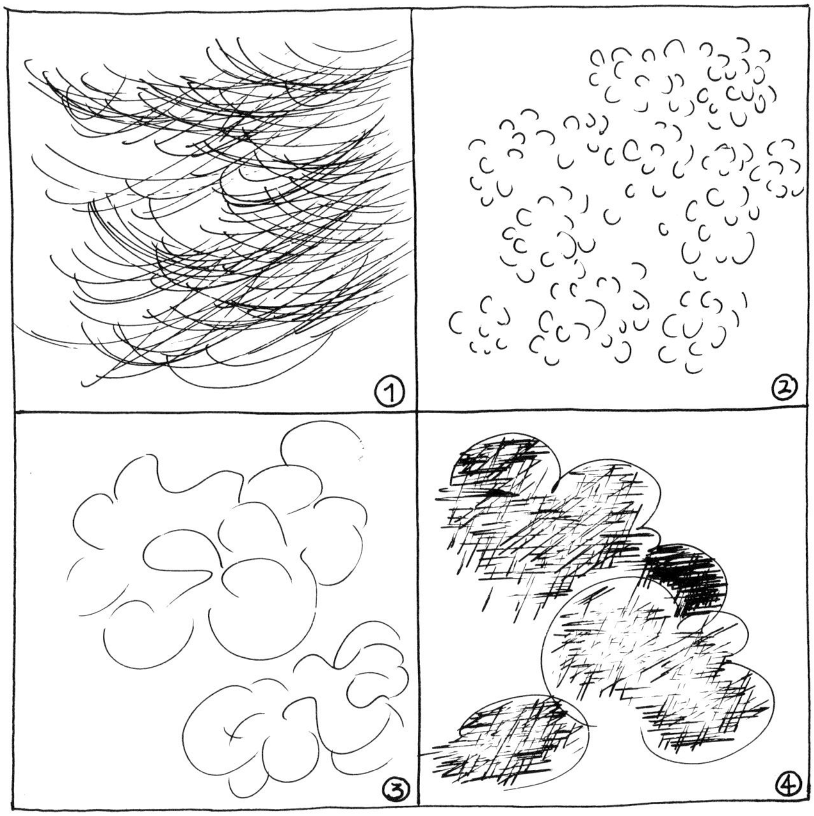

① **Federwolken (Cirrus):** Je schneller sie aus Südwest ziehen, um so schlechter wird das Wetter.

② **Feine Schäfchenwolken (Cirrus cumulus):** Tauchen sie aus westlicher Richtung auf, bleibt das Wetter nicht mehr lange schön.

③ **Flauschige Haufenwolken (Cumulus):** Bleiben sie in gleicher Höhe, sind sie im Frühling und Sommer die Schönwetterwolken.

④ **Gewitterwolken (Cumulus nimbus):** Sie sind die Boten der Gewitter.
Notabene: Im Kapitel «Wasser» zeigt das gezeichnete Schema auf Seite 31 die Bildung der Wolken.

Luft kann tragen, bewegen, antreiben
Luft macht Musik und Geräusche
Luft lässt sich formen

Luft beobachten

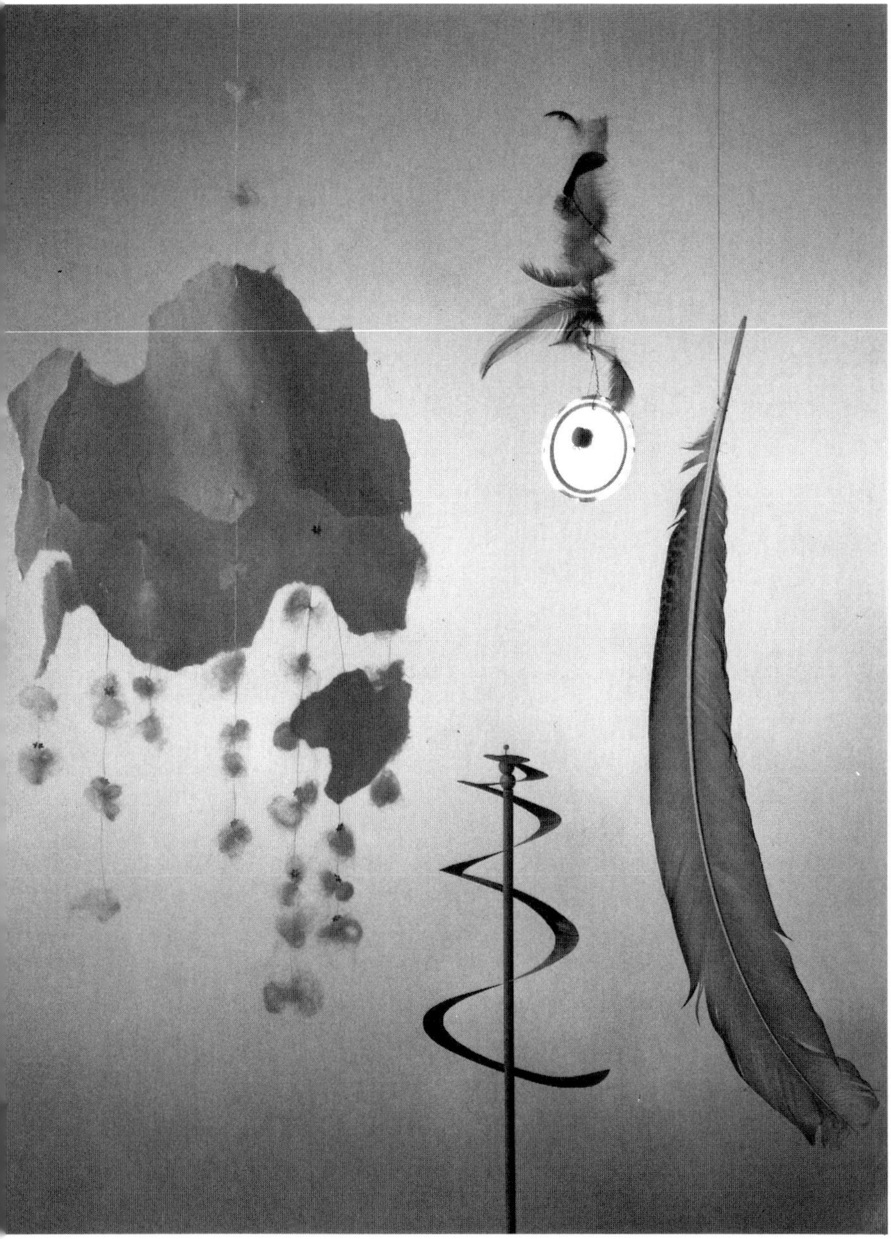

Die aufsteigende Luft

Drei bis vier Wolkengebilde ergeben zusammen eine Schneewolke. Sie sind aus feinfaserigem Japanpapier gerissen. Mit Faden und Stichen werden sie miteinander verbunden. Stets das Gleichgewicht ausbalancierend, hängst du die an Fäden eingeknüpften Wollflocken daran. Über einem warmen Heizkörper aufgehängt schwebt deine Schneewolke ruhelos, sich sanft bewegend durch die aufsteigende, warme Luft.

Denselben Effekt erzielst du mit einer Vogelfeder . . .

oder mit einer Federchenschnur mit angehängtem Dosendeckel als Gewicht . . .

oder mit der ausgeschnittenen Papierspirale. Sie ist auf einem Stab mit einer Holzperle als Abstandhalter und einer Stecknadel fixiert.

Luft kann tragen

Der Fallschirm

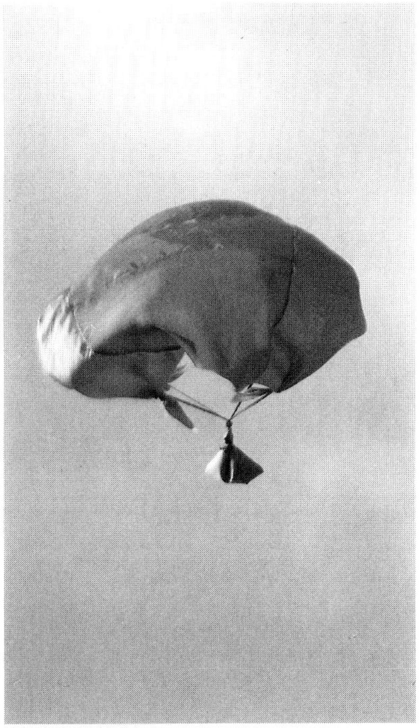

Er wird aus einem etwa 40 cm × 52 cm grossen Stoffstück geschnitten. Am besten bewährt sich Seide oder Kunstseide (Futterstoff). Du kannst auch verschiedene Resten auf der Nähmaschine zusammennähen.
An den 4 Stoffecken knüpfst du je eine Baumwollkordel. Daran hängst du in 10–12 cm Entfernung unter die Mitte des Daches einen kleinen mit Sand gefüllten Sack. Dieser lässt mit seinem Gewicht den Schirm senkrecht zu Boden gleiten. Dachfläche und Gewicht müssen im Verhältnis zueinander stehen. Je nach Schirm füllst du einen 6 cm × 6 cm grossen Sack mit mehr oder weniger Sand. Dazu sind Probeflüge nötig, am besten vom Balkon des zweiten oder dritten Stockwerks.

Die Flugscheibe

Sie ist die einfachste Drachenform. Du brauchst für das Gestell 3 × 2 mm Holzleisten; für die Bespannung ein leichtes, nicht zu weiches Papier, z. B. ein dünnes, aber festes Zeitungspapier oder farbiges Pergaminpapier (im Zeichenbedarf erhältlich); für den Schwanz vier 3 m lange Krepppapierstreifen; Weissleim.
Ein rundes Serviertablett mit 30–40 cm Durchmesser kann dir beim Zeichnen des Kreises Hilfe leisten. Nach dem nebenstehenden Schema klebst du mit wenig Leim die zugeschnittenen 3 × 2 cm Holzleisten auf. Für das Gleichgewicht müssen die beiden Seiten der Längsachse des Kreises symmetrisch sein. Den Kreisrand kannst du eventuell mit Papierstreifen verstärken. Oder du schneidest die Kreisfläche doppelt und klebst sie am Rand zusammen. Beim Zeichen X befestigst du die Drachenschnur. Dafür ist eine normal starke Paketschnur geeignet. Bei kleinen Drachen genügt ein starker Bindfaden (Leinenzwirn).

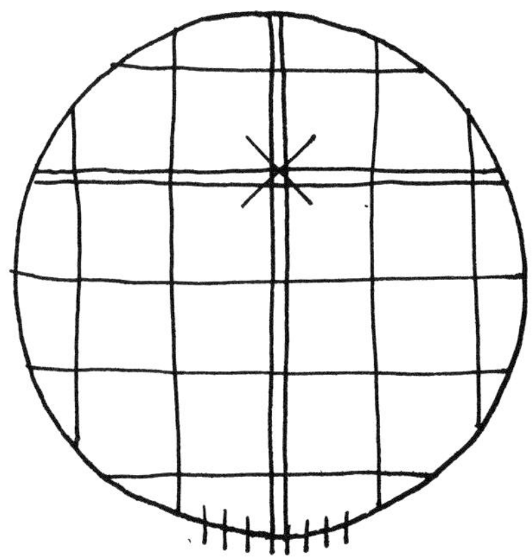

Der Trinkhalmflieger

Für wenig erfahrene Flugkonstrukteure sind Flieger eine wahre Herausforderung. Bis Flügeltragflächen mit Bug und Heck proportional übereinstimmen, sind Zeit, Ausdauer und Flugtests nötig. Der Trinkhalmflieger ist extrem leicht. Seine Flüge sind kurz, aber reizvoll.

Du brauchst:
ein 21 cm langer Trinkhalm, einseitig farbige A4-Bogen, z. B. Indicolorpapier, etwas Isolierband, 1 bis 2 Büroklammern, ein Japanmesser.
Aus nebenstehendem 1:1-Plan nimmst du dir die Masse für den Vorderflügel und das Heck.

Sind die beiden Teile ausgeschnitten, steckst du sie auf den Trinkhalm. Als Gewicht wird vorne an der Flugspitze eine Büroklammer angeklemmt. Die Heckflügel sitzen am äussersten Halmende. Je nach Trinkhalm wird der Tragflügel etwas nach vorn oder nach hinten geschoben. Nach dem ersten gelungenen Probeflug fixierst du die beiden Flügel am Halm mit einem kleinen Stück Isolierband.

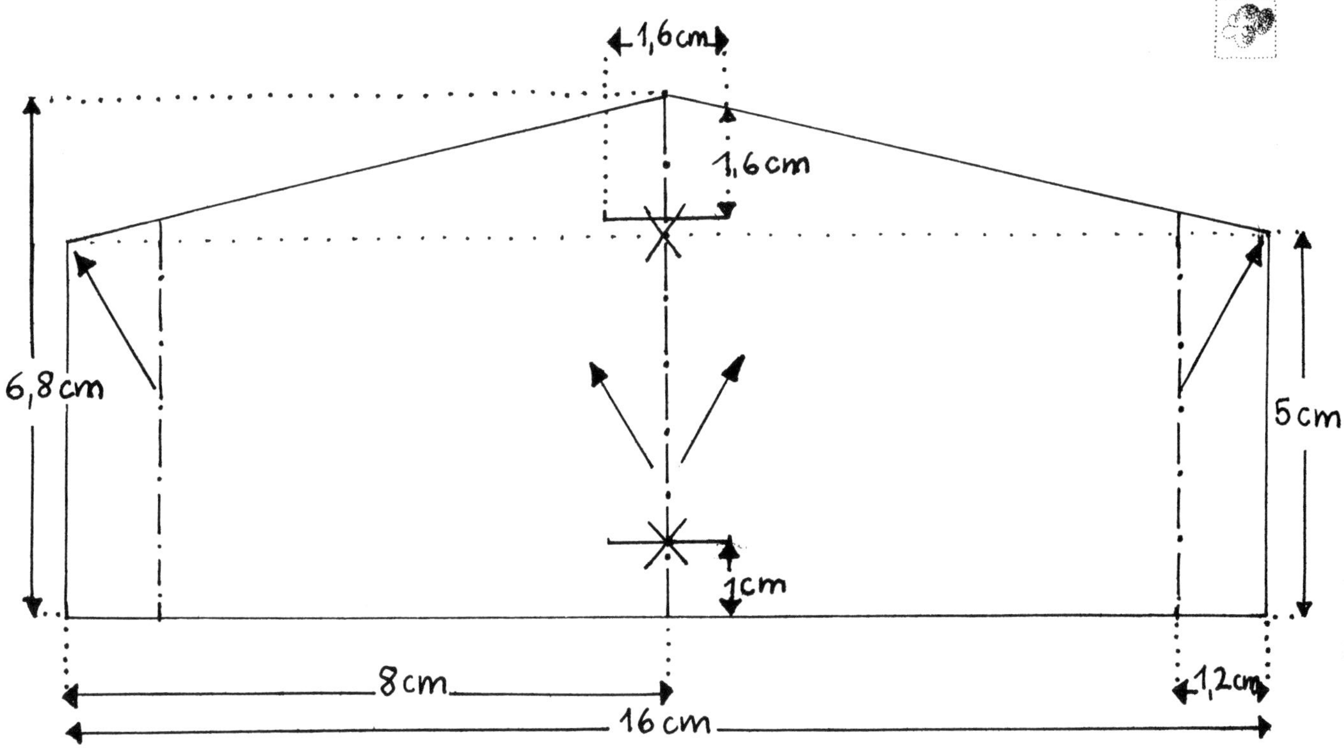

Schnittlinien:

Faltlinien:

Pfeile:

Fixierstellen: X X X X X X X

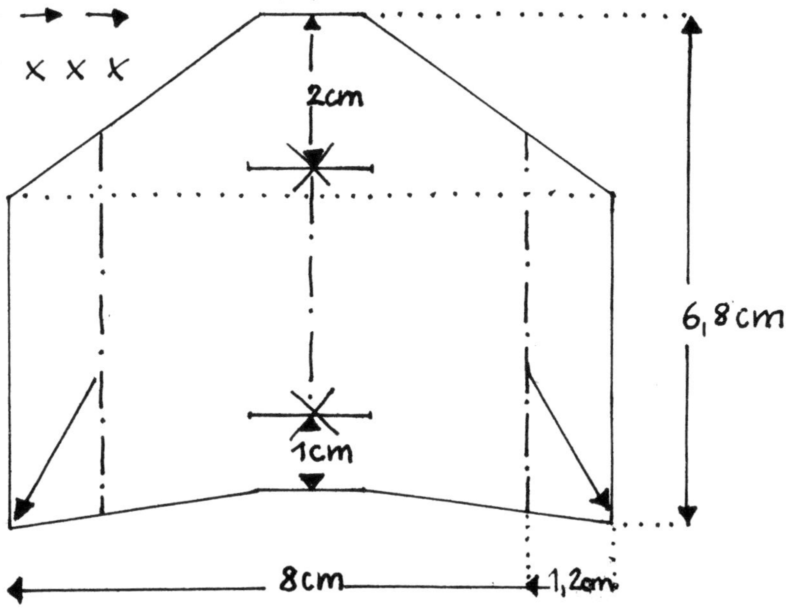

Luft lässt sich formen

Luftobjekte

Aufgeblasene Vorratsbeutel und Plastiktüten kannst du als schwimmende Spielkissen verwenden. Die Luftöffnung machst du mit einem Isolierband dicht. Im Wasser von Spieler zu Mitspieler geblasen, hüpfen die Objekte schwerelos.

Seifenblasen

Sie sind die zartesten Luftobjekte. Den im warmen Wasser aufgelösten Seifenflocken füge etwas Glyzerin (aus der Apotheke) bei.
Eine gute Seifenblasenherstellung hängt von der Weichheit des Wassers ab. Die Oberflächenspannung muss stimmen.

Oder: In einem Gewürzglas verdünnst du solange das konzentrierte Abwaschmittel mit Wasser, bis die Blasen vom selbstgebogenen Drahtring fliegen . . .

Blasepfeife

Du brauchst:
Seiden- und Pergaminpapier, feinen, biegsamen Blumendraht, einen Trinkhalm, Schere, Leimstift und Isolierband. Schneide aus dem Seidenpapier zwei Streifen: den einen 7 cm × 27 cm, den zweiten 2 cm × 24 cm. Der dritte Papierstreifen ist aus Pergamin. Er ist 4 cm × 52 cm.

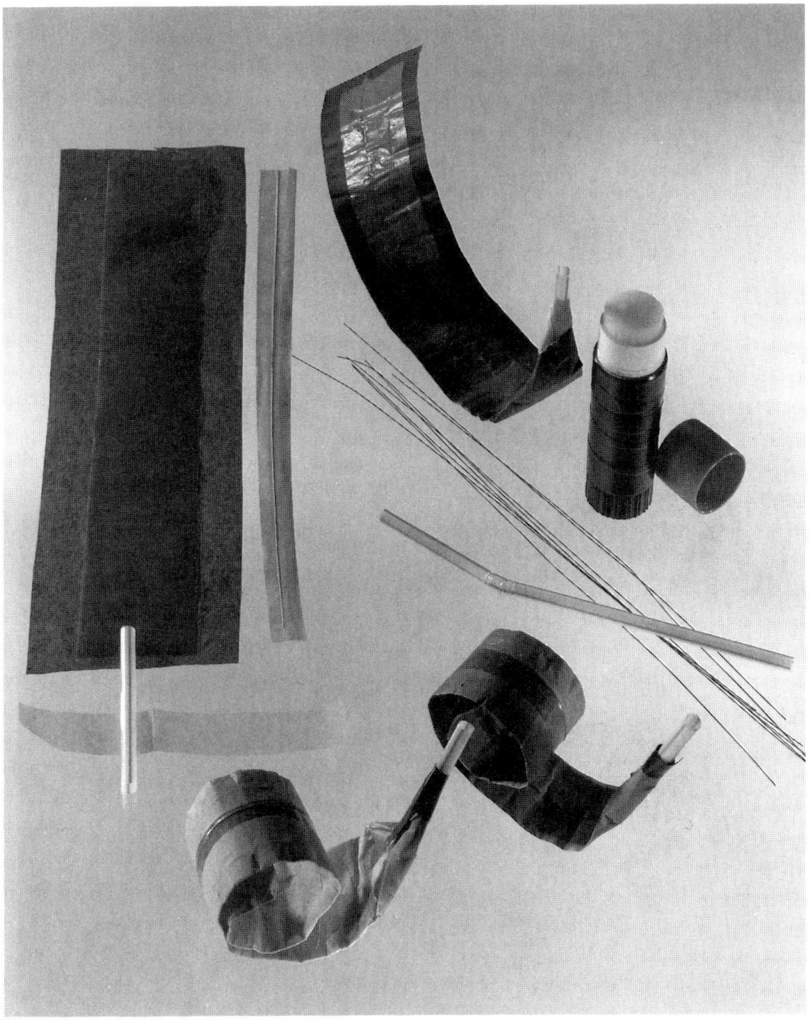

In die Mitte des 2 cm × 24 cm grossen Streifens klebst du den Blumendraht. Falte nun den Pergaminstreifen zur halben Länge und klebe den vorbereiteten Draht ein.
Lege den zweifach eingeklebten Draht so auf den 7 cm × 27 cm grossen, eingeleimten Papierstreifen, dass du dreiseitig (die obere Schmalseite bleibt offen) die vorstehenden Papierkanten umbiegen und festkleben kannst. Durch die offene Seite schiebst du ein etwa 6 cm langes Trinkhalmstück. Links und rechts davon klebst du absolut luftdicht die restliche Papierbreite an den Halm. Ein eingeleimter schmaler Seidenpapierstreifen umschliesst zusätzlich das entstandene Mundstück.

Zuletzt kannst du mit Isolierband den Ansatz sauber dichten. Deine noch flache, getrocknete Pfeife wickelst du um einen Bleistift, bis sie spiralförmig aufgerollt ist. Mache nun die ersten Blasversuche! Ob sich deine Pfeife öffnet?

Luft macht Geräusche

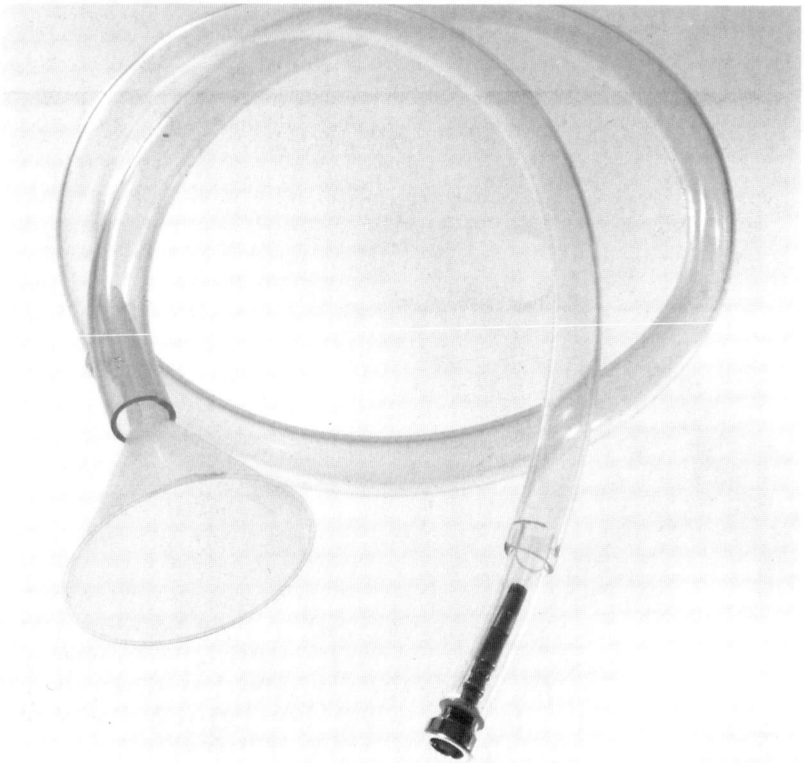

Blasetöne

Aus einem 2–3 m langen Gartenschlauch, einem passenden Trichter und einem echten Trompetenmundstück steckst du dir eine **Schlauchtrompete** zusammen . . .

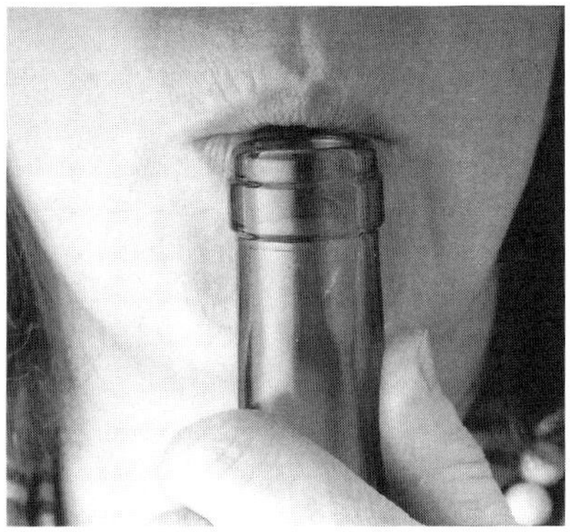

Blase, nahe an deinen Lippen, über eine Flaschenhalsöffnung . . .

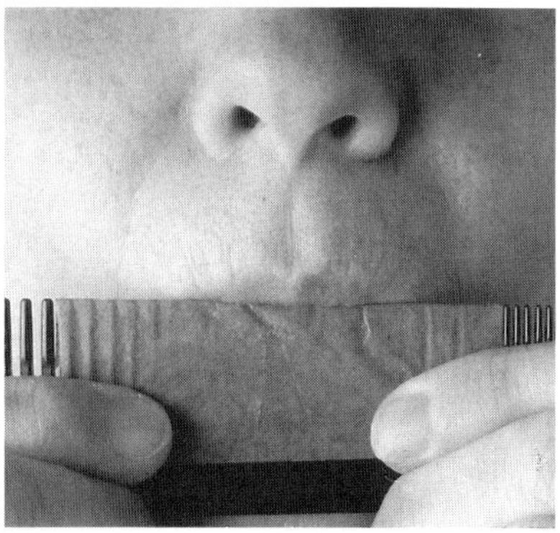

Lege ein Stück Seidenpapier unter deinen Taschenkamm. Halte es beidseitig fest und blase nun gegen die Kammzinken . . .

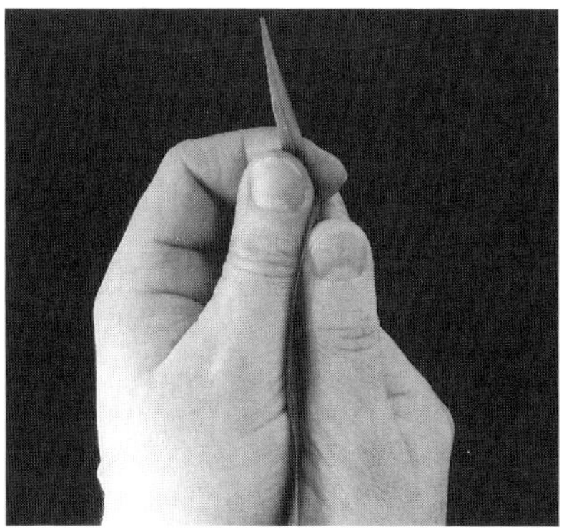

Spanne ein Grasblatt zwischen beide Daumen und Handballen. Blase dagegen . . .

Du kennst den Knall, der dein mit Luft gefüllter Papiersack verursacht, wenn du ihn schnell gegen eine harte Unterlage drückst . . .

Klangspiele

Die im Kapitel «Erde» geformten **Tonscheiben** sind inzwischen im Brennofen bei 900 °C gebrannt worden. Du kannst sie nun schuppenartig an eine feine Schnur knüpfen.
Im Freien aufgehängt, streicht die bewegte Luft sanft darüber und lässt sie so zum Klingen bringen.

Du wirst dich auch an einer zarten **Blechmusik** erfreuen: Mit der Blechschere schneidest du klare Rundformen aus leeren Konservendosen. Diese montierst du mit gebrannten Tonkügelchen zusammen an feinen Blumendraht. Dicht ineinandergehängt baumeln sie vielleicht auf dem Balkon – der Wind wird ihnen besondere Töne entlocken.

Ein weiteres klingendes Windspiel ist schnell aus einem **Messingglöckchen** und einem Blechdeckel hergestellt! Du hängst den Deckel mit einer feinen Schnur an den Klöppel. Der Wind verfängt sich darin, er bewegt die Scheibe, der Klöppel schlägt an das Glöckchen – ein Ton erklingt. (So werden Vögel schonend ferngehalten.)

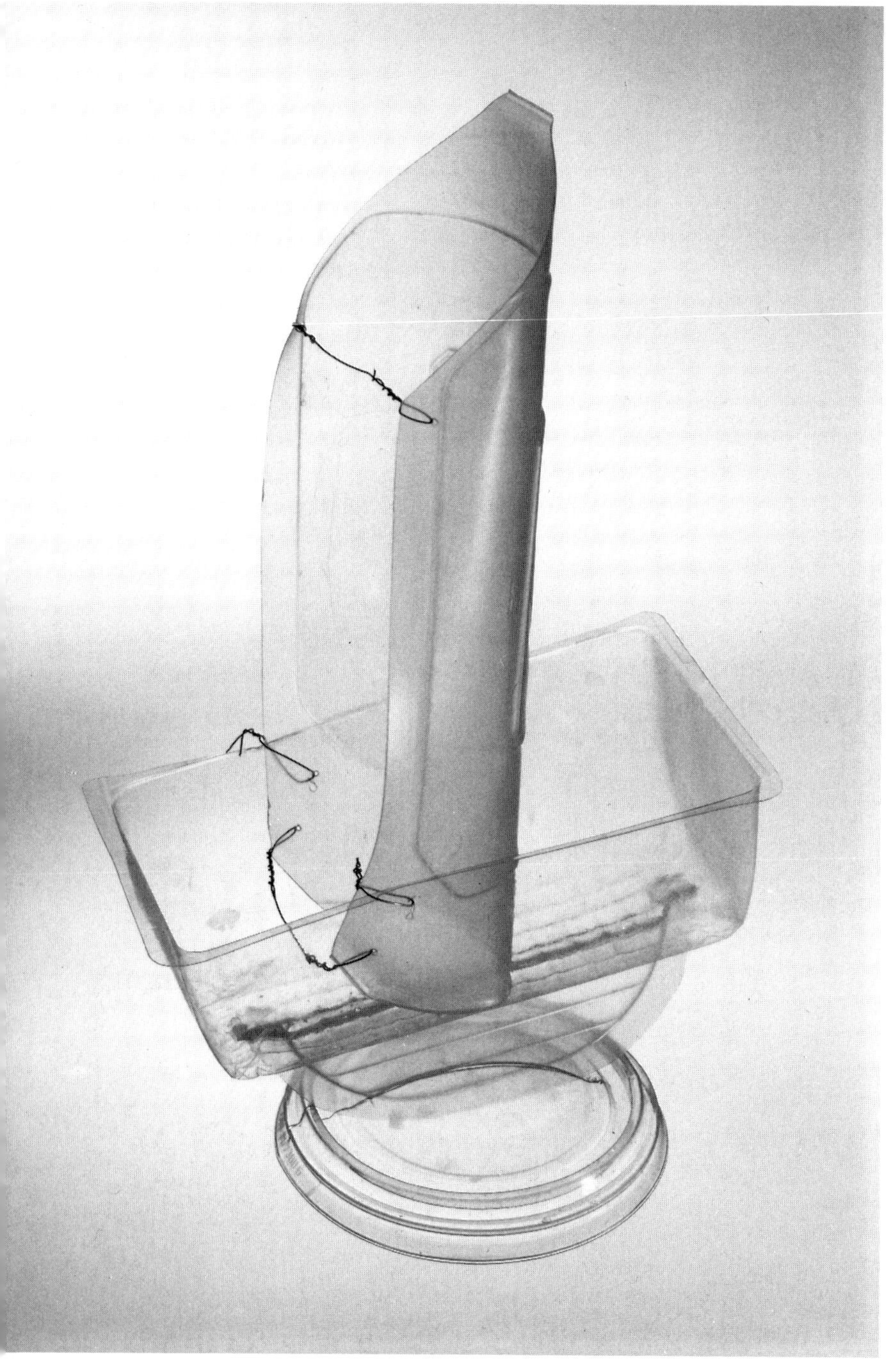

Segelboote für die leichteste Brise

Aus steifen Verpackungsmaterialien lassen sich ultraleichte Segelboote herstellen. Dazu eignen sich Kekseinlagen, Plastikflaschen u. a. – Schaue dich nach passenden Behältern um.
Zum Spannen und Befestigen des Segels braucht es etwas Blumendraht und eine Stecknadel für die Drahtlöchlein. Mit Weissleim wird der Kiel am Bug angeleimt (auf dem Bild steht der Kiel auf einem Ständer).
Hinweis: Bei flachen Bootskörpern sollte der Kiel über die ganze Schiffslänge reichen und mindestens halb so hoch wie der ganze Bootskörper sein.

Windrädchen

Blitzschnelle Windrädchen entstehen aus Trinkhalmen. Die Propeller sind etwa 2,5–5 cm lang. Du kannst sie z. B. an dürre Gräser stecken oder an leicht umgeknickte Strohhalme. Diese verankerst du in einem Topf mit nassem Sand.

Windräder in den verschiedensten Formen – entdeckt auf einem Hausdach in Zürich.

Die Propeller-Biene

Mit mehr Zeitaufwand entsteht das Windrad-Insekt. Es garantiert auch eine längere Lebensdauer als die Trinkhalmrädchen.

Du brauchst:

für den Leib: 5 mm starkes Laubsägeholz, biegsamen Blumendraht und Glasperlen für die Fühler, 1 Blumenstab als Halterung

für die Flügel: 1 mm starkes Laubsägeholz, 10 mm × 10 mm Lineal, 2 Holzperlen und 2 Pailletten als Abstandhalter, 1-mm-Draht für die Flügelbefestigung.

Werkzeug: Laub- und Handsäge, Ahle, Feile, Handbohrer, Flachzange, Schleifpapier 120, Weissleim, Deckfarben und Klarlack.

Zuerst schleifst du die Kanten der ausgesägten Flügel und des Körpers sauber. Dann kannst du die Flächen bemalen.

Am Vorderkörper X bohrst du das Löchlein für den Draht zur Flügelbefestigung. Mit der Aale stichst du an der Taillenunterseite ein Loch für die Halterung (Blumenstab).

Die Flügel: Für die beiden Paare sägst du das Lineal in zwei 2 cm lange Stücke und an den Kurzseiten mit der Handsäge passende Flügelschlitze. Die Flügel werden später darin eingeklebt.

Die Flügelmontage: Am etwa 6 cm langen Draht biegst du mit der Flachzange eine Drahtschlaufe. Durch das vorgebohrte Linealstück ziehst du den Draht, die Paillette und die Holzperle. Nun führst du den Draht durch den Körper und ziehst in der umgekehrten Reihenfolge das

andere Flügelpaar auf den restlichen Draht. Am zweiten Ende biegst du wieder eine Schlaufe. Am Kopf klebst du die biegsamen Fühler in vorgestochene Löchchen, und an der Taillenunterseite den Blumenstab.
Nun kann dein Insekt in einen Blumentopf gesteckt ins Freie, an die Luft . . .

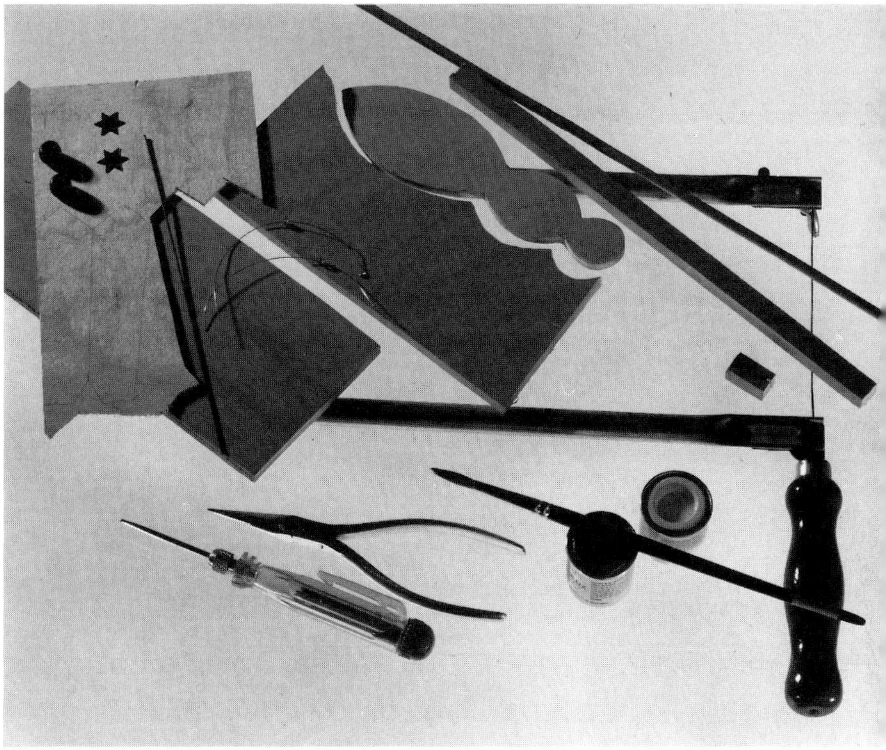

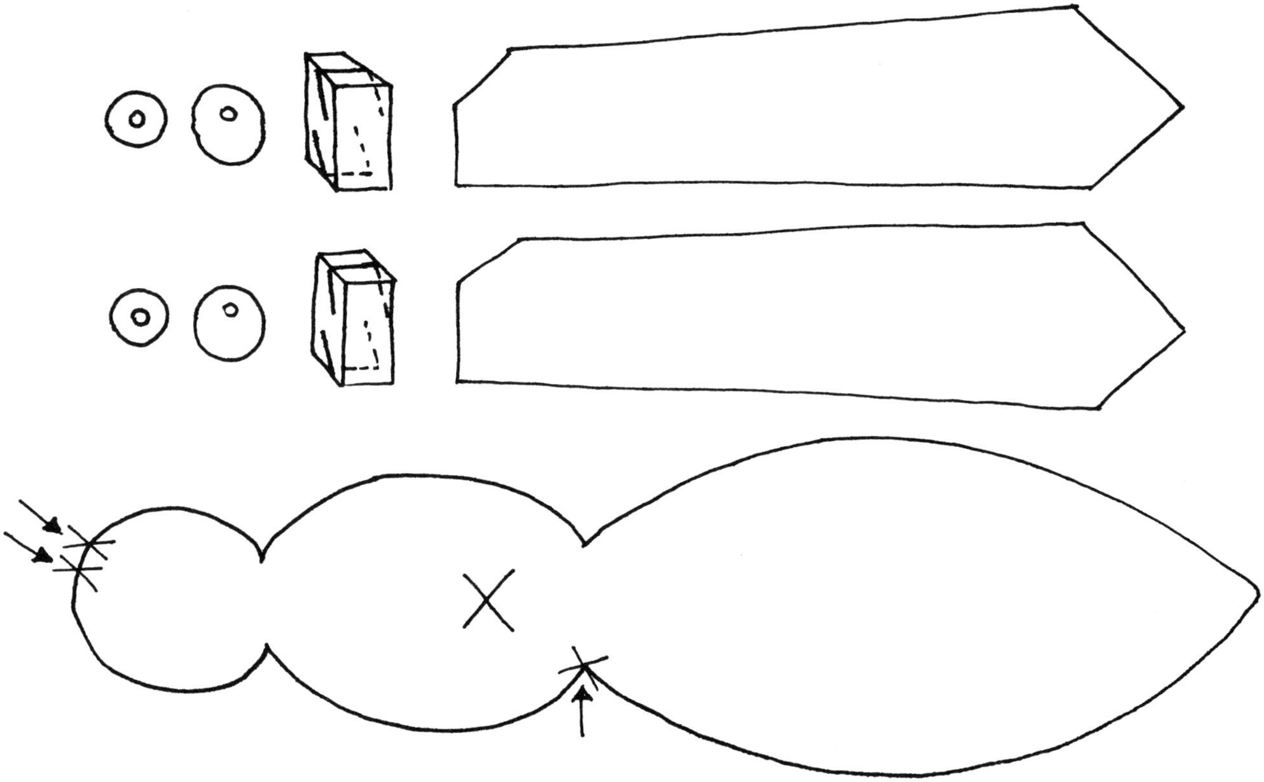

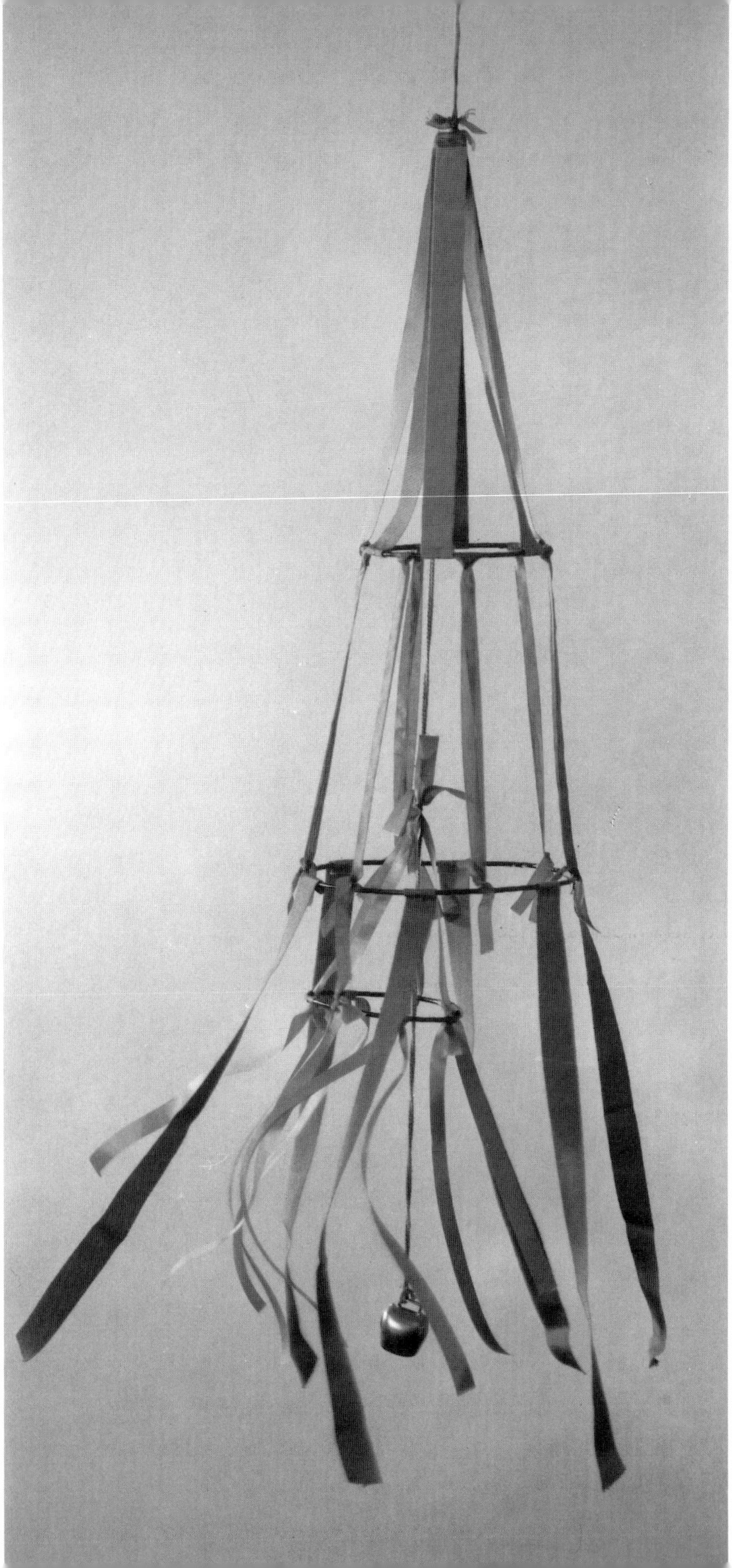

Windspiel

Das Bänder-Karussell soll an einem freien Ort hängen, wo der Wind ungehindert mit ihm spielen kann . . .

Du brauchst:
3 mm starkes Peddigrohr (in Bastelgeschäften erhältlich) Isolierband, Hanfschnur, Glocke, Geschenk-, Naht- und Repsbänder, Nadel und Schere.
Die drei Reifen haben einen Durchmesser von:
der unterste 12 cm, der oberste 15 cm, der mittlere 22 cm.

Was ist stärker als die Fluten im Meer?
Der Wind, der sie treibet, hin und her!

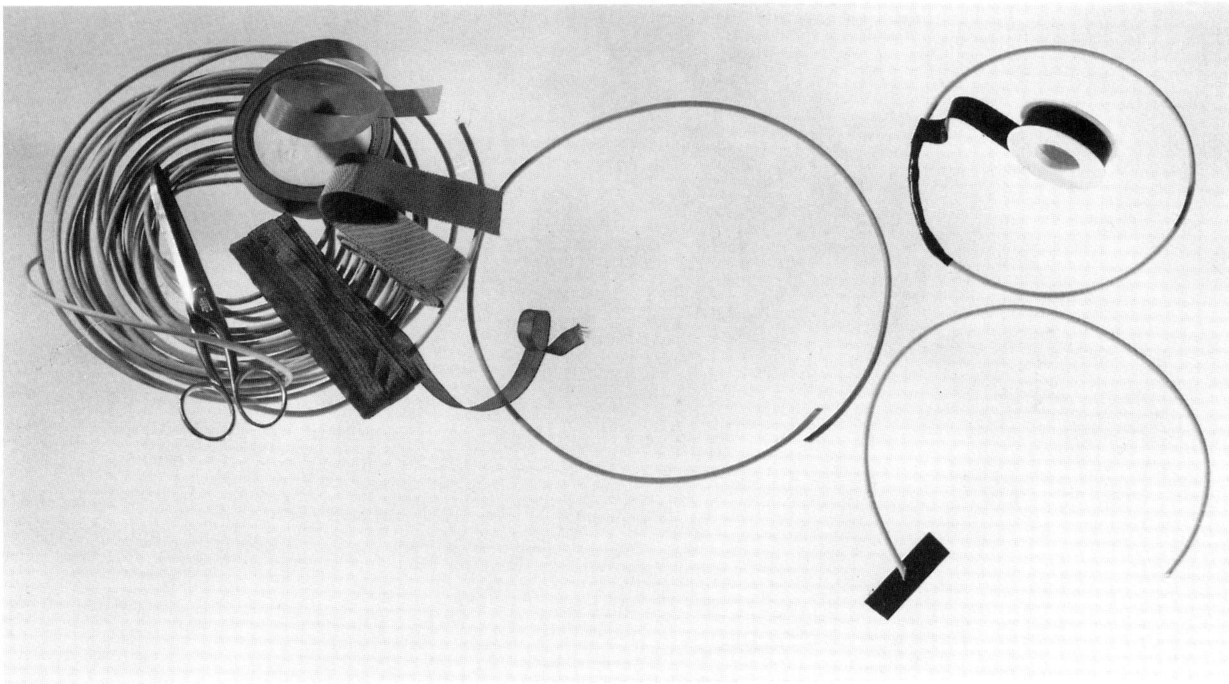

Zuerst umwickelst du die drei Reifen mit Isolierband. An einer etwa 125 cm langen Hanfschnur knüpfst du zuoberst eine Schlaufe und zuunterst eine Glocke. Die Schlaufe hänge an einen Fenstergriff, so kannst du ungehindert die Karussellbänder einknüpfen oder annähen. Beginne mit dem obersten Reifen: Du nähst die 6 Bänder (je 35 cm lang) verteilt an den Kreis. Die Bandenden lege flach aufeinander. Diese nähe mit ein paar Stichen an die Hanfschnur. Miss von diesem Punkt aus etwa 55 cm nach unten. Dort knüpfst du vier 25 cm lange Bänder an und hängst an deren Ende den kleinsten Reifen. In die Zwischenräume hänge vier doppelt gelegte 30 cm lange Streifen, welche frei flattern. An den 30 cm langen Bändern hängt der dritte Reifen vom obersten entfernt. Die freiflatternden Bänder sind etwa 45 cm lang.

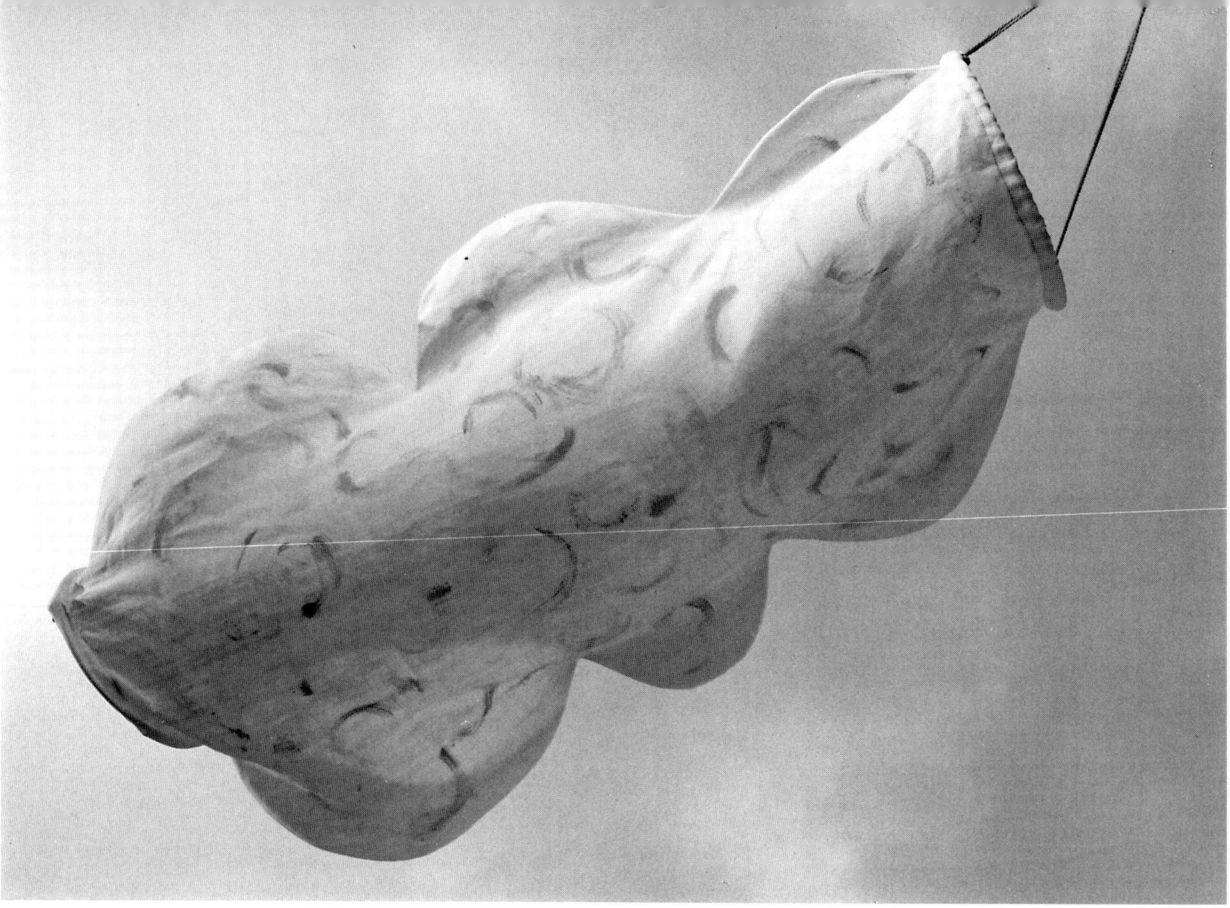

Der **Windsack** ist ein Windstärke- und -richtungsanzeiger.
Mit einem nassen, in die Luft gestreckten Finger ist die Windrichtung schnell auszumachen. Auf jener Seite, auf der der Finger trocknet, weht auch der Wind.
Auch die flatternde Wäsche an der Leine zeigt, aus welcher Himmelsrichtung die Luft bläst . . .
Auf Fluglandeplätzen sind **Luftsäcke** nach wie vor wichtige Windanzeiger. Segelflieger werden sich nebst anderen Vorbereitungen bei ihrer Landung an ihnen orientieren. So warnt der aufgeblähte Windsack, wo Windböen sturmartig einbrechen.

Der Wind-Wolken-Sack

ist aus einem alten leinenen Bettlaken geschnitten. Dichtes Gewebe eignet sich am besten.
Die **Sacklänge** beträgt mit den beiden Säumen **83 cm.**
Die untere Öffnung ist 23 cm breit, das heisst, in doppelter Stofflage geschnitten beträgt der Umfang **46 cm.**
Die obere Öffnung ist 30 cm breit, d. h. demnach **60 cm.**

Die Wolkenausbuchtungen des Sackes müssen von der gestrichelten Mittelachse (siehe Skizze) symmetrisch verteilt sein.

Mit Dekka-Stoffarben kannst du die Wolke vor dem Zusammennähen bemalen und nach dem Eintrocknen heiss einglätten – so ist sie wetterfest.
Der in doppelter Stofflage zugeschnittene Sack wird gut geheftet auf der Nähmaschine füsschenbreit links und rechts gesteppt. Oben und unten bleibt der Sack für den Wind offen. Die Säume werden allerdings bis auf 2 cm abgenäht. Durch diese Öffnung wird ein zweimal im Umfang gelegter Peddigrohrring (3 mm) eingeschoben. Er gibt der Sacköffnung Festigkeit. An einer starken Schnur wird er aufgehängt.

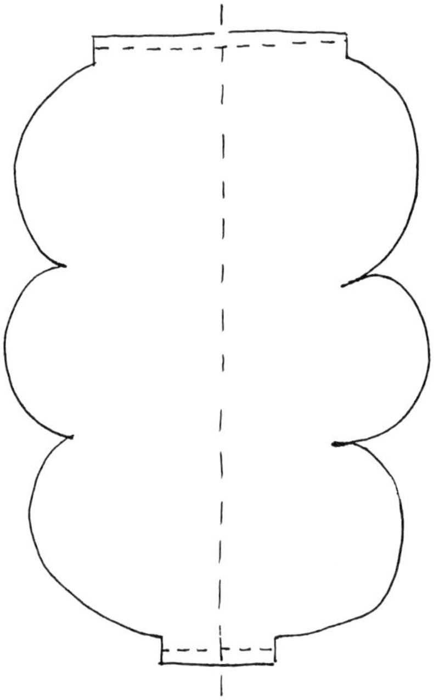

Auch **Flaggen, Fahnen und Wimpel** sind Windanzeigen. Eine ebenso wichtige Aufgabe erfüllen aber ihre Motive. Sie sind Aushängeschild für Orte, Städte, Länder, Familienwappen usw. Die Geschichte der Heraldik weiss davon zu erzählen.

Die Sternenflagge

Diese Flagge wird wie die alten Wirtshausschilder an einem horizontalen Stab aufgehängt. Ihre Form ist aus zwei Dreiecken entstanden.
Aus Zeitungspapier fertigst du dir das Flaggenmuster: Lege die beiden Dreiecke so aufeinander, dass sechs Zacken entstehen. Übertrage die Form auf einen Baumwollstoff fester Qualität. In der Stoffbranche ist spezielles Fahnentuch erhältlich.
Auf der Nähmaschine versäuberst du mit Zickzack-Stichen die Ränder. Die drei Miniwimpel an den unteren drei Zacken werden mit bunten Bändern gleichzeitig mitgenäht. Die Wolkenapplikation kommt zuletzt auf die Fahnenmitte.

Wurfspiel im Wind

Der Windvogel

Ein herrliches Spielzeug zum Werfen! Am sandgefüllten Leib weht ein langer Bänderschwanz. Mit flatterndem Geräusch zeichnet er bei seinen Flügen Linien ins Himmelsblau. Vorne am Schnabel steckt die Wurfschnur. Zum Abflug bereit hältst du sie in einer Hand fest. Mit kräftig schwingenden Kreisen lässt du den Vogel etwa beim vierten Kreisen in der Aufwärtsphase los: Er fliegt nach oben weiter, macht einen eleganten Bogen und landet mit wehendem Schweif feuerwerkähnlich auf dem Boden.

Anleitung

Du überträgst das nebenstehende Vogelmuster auf ein doppelt gelegtes Stoffstück und nähst den Körper bis zur Schwanzöffnung zu.

Dann wendest du die Arbeit. Mit dem Fingernagel streichst du die Naht flach. Durch einen Trichter lässt du feinen Sand in den Körper rieseln. Der Vogelbauch darf nicht zu prall sein! Lege nun die 100–130 cm langen zugeschnittenen Bänder in die Öffnung. Diese nähst du mit der Nähmaschine 2–3fach zu.

Zuletzt nähst du an der Schnabelspitze die etwa 50 cm lange Wurfschnur fest.

Nun ist dein Vogel startbereit . . .

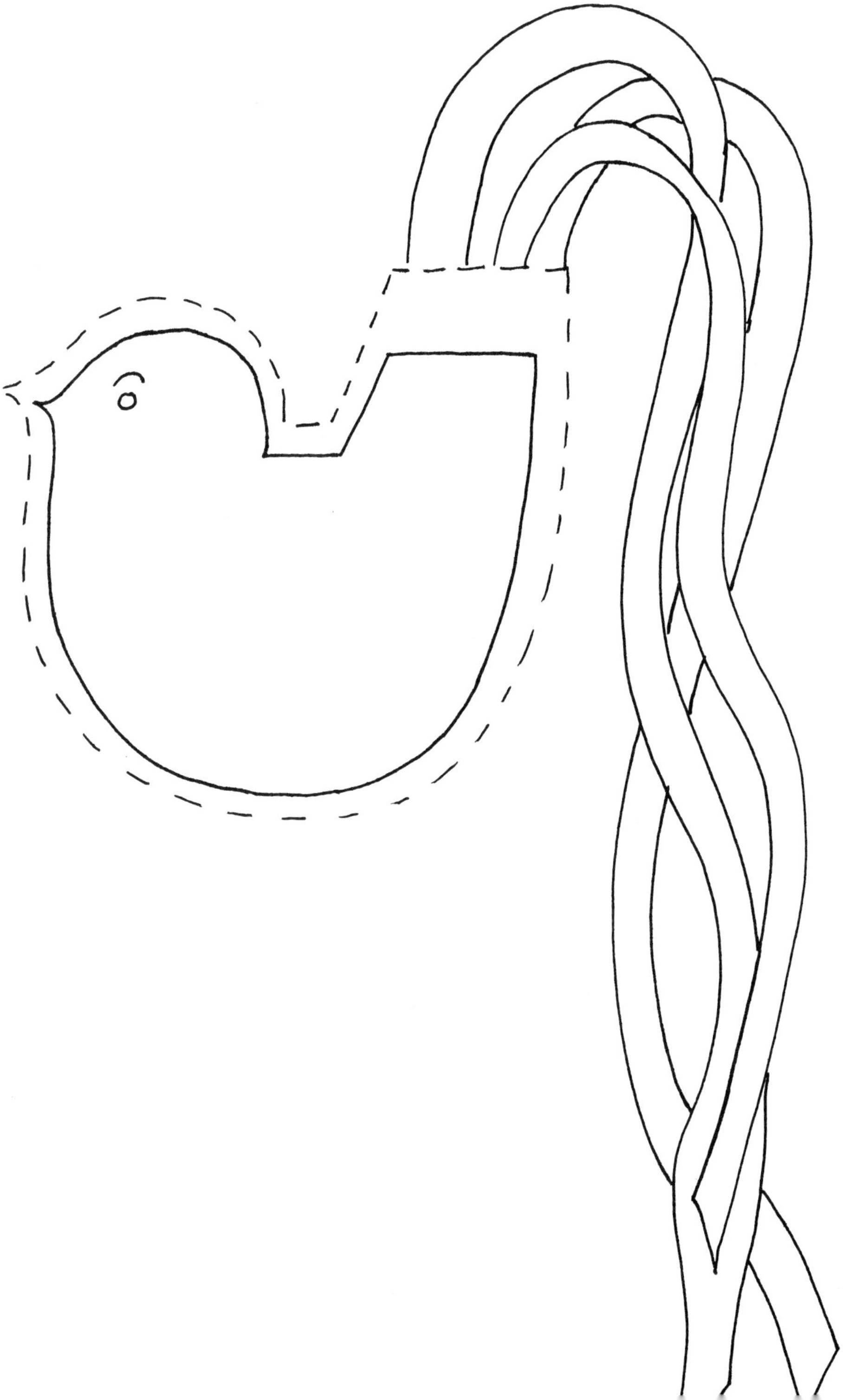

«Fliege Funke flink vom Stein
fliege flugs ins Holz hinein!
Fang den Funken dürrer Span,
fach das Feuer flackernd an!»

E. Bühler, M. Lobeck

Feuer und Kultur

Das Feuer gehört zu den ersten Kulturerrungenschaften des Menschen. – Zahlreiche Sagen erzählen über seine Entdeckung. Naturvölker entfachen auch heute noch mit primitiven Methoden ihre Feuer. **Der Feuerbohrer** ist eines dieser einfachen Geräte. Durch Reiben und Bohren mittels eines Holzquirls, auf einer Holzunterlage mit Rinne, entsteht Bohrmehl, das zum Glimmen gebracht wird.

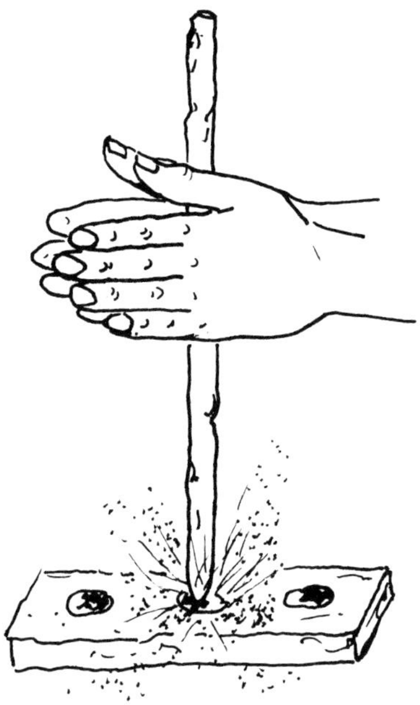

Das Schlagfeuerzeug ist in Europa, Asien, Altmexiko, Südamerika oder bei den Eskimos bekannt. Durch das Schlagen von Stein gegen Stein oder Eisen werden Funken erzeugt. Diese, mit einem Zunder aufgefangen, helfen das Feuer zu entfachen. Stetiges Entzünden neuer Feuer verursachte den Menschen Schwierigkeiten. Aus diesem Grunde hielten sie sich **Feuerstätten.** – Allen bekannt ist der Ausdruck: «Heim und Herd.» Dabei ist der Herd nicht nur deshalb wichtig, weil auf ihm das Essen gekocht wird, sondern weil dort das «ewige Feuer» brennt... In höheren Kulturen wurde das Feuer bestimmten Gottheiten zugeordnet. Der eigentliche Feuerkultus ist uralt. Einzelne Indianerstämme Nordamerikas beten das Feuer an. Auch die Kelten, Germanen und Slawen kannten die Feuerverehrung. Ein Beispiel dafür ist das **Sonnenwendefeuer** zu Johanni, dem Sommeranfang. Es wird heute noch in nordischen Ländern zu diesem Zeitpunkt angezündet.

Feuer kann kochen und schmelzen
erwärmen und erhellen
vernichten und Licht erzeugen
Feuer kann antreiben und einbrennen

Feuer entfachen

Mit einer Lupe, einem dicht daruntergehaltenen Zeitungspapier und der heissen Mittagssonne kannst du dieses Experiment ausführen: Nach kurzer Zeit brennen die Sonnenstrahlen durch dein Lupenglas ein Loch in das Papier.
Übrigens: Im Lichtkult der alten Peruaner musste das Feuer im Tempel von der Sonne selbst entzündet werden!
Das **Zündholz** ist aus Pappelholz geschnitten und mit einer Kuppe aus feuerzündendem Material ausgestattet. Sobald das Köpfchen auf einer rauhen Oberfläche angerieben wird, entspringt eine Flamme.
Schwefelstreichhölzer werden heute nicht mehr so oft gebraucht. Mit ihnen kann man auf Steinen, gerillten Gegenständen, Schuhsohlen usw. Feuer entfachen.
Der **Gasanzünder** funktioniert nach dem Funkenprinzip: Er ist mit einem Zündstein versehen. Durch das Reiben mit einem Metallrädchen (wie beim Anzünder für Zigaretten) springt der Funke.

Mit Feuer kochen

Achtung!

Im Umgang mit Feuer ist stets **grösste Vorsicht** geboten! Wenn du dich trotzdem verbrennst, denke daran, die Brandwunde **immer** sofort mindestens zehn Minuten lang unter fliessendes, kaltes Wasser zu halten. Auch Eiswürfel können helfen. Denn ohne Kühlung «brennt» nämlich die Haut und untere Hautschichten weiter!
Bei grossflächigen Verbrennungen ist sofort ärztliche Betreuung nötig! Auf keinen Fall salben! Die Brandwunden höchstens mit einem ganz sauberen Tuch bedecken, bis der Arzt kommt.
Fangen deine Kleider Feuer, wirf dich auf den Boden und wälze dich hin und her. Oder wickle dich in eine grosse Decke. So erstickt das Feuer, denn **ohne Luft kein Feuer.** Keinesfalls davonrennen.

Die Feuerstelle

Im Freien mit Feuer kochen heisst, sich genügend Zeit nehmen, den passenden windgeschützten Ort ausfindig machen, Steine zusammentragen, eine Feuerstelle bauen.
Dann kannst du Tannreisig und Äste sammeln, das Reisig zuerst auf dem Boden einschichten, dazwischen wenig, aber locker zerknüllte Zeitungspapierstücke stecken und darüber grössere Holzstücke legen.
Zünde mit den Streichhölzern unten am Holzhaufen an zwei, drei Stellen das Reisig an. (Ein sorgfältig aufgebauter Holzhaufen macht das ganze Feuer aus.)
Mit genügend Luftzufuhr, d. h. durch häufiges Blasen, werden bald die grossen Holzstücke Feuer fangen.
Nach einer guten Weile haben die Flammen das Holz zu einer schönen Glut gebrannt. Jetzt kann der Kochtopf in die vorbereiteten Astgabeln gehängt werden.

Zum Abkochen einer eigenen Suppe wird eine improvisierte «Küche» im Korb mitgetragen: So dürfen Küchenschnitzer, Holzbrett, Koch- und Probierlöffel, Streichhölzer und etwas Zeitungspapier, einen Sack für alle Abfälle (!) und eben die entsprechenden Gemüse und Gewürze nicht fehlen.

Zu einer guten Gemüsesuppe gehören:

- 2–3 Lauchstangen, 2 Zwiebeln, 2–3 Knoblauchzehen
- etwa 8 Karotten, ebensoviel Kartoffeln
- 1 kleiner Blumenkohl
- etersilie, Bouillonwürfel, Pfeffer, Salz und Reibkäse, Butter, Wasser.

Das Gemüse klein schneiden. Zuerst die Butter schmelzen, Zwiebeln, Lauch und Knoblauch darin glasig braten, dann die Karotten und Blumenkohlröschen dazugeben. Mit der Kochkelle die Zutaten gut durchmischen. Mit 2 Liter Wasser ablöschen. Salz, Pfeffer und Bouillonwürfel beigeben und zugedeckt etwa 25 Minuten köcheln lassen. Jetzt die Kartoffelwürfel unter das Gemüse geben, weitere 10 Minuten köcheln. Zuletzt die feingehackte Petersilie, eventuell noch zusätzlich Pfeffer und den Käse darüber streuen.

Guten Appetit!

Was ist stärker als Eisen und Stahl?
Das Feuer, es schmilzt sie allzumal!

Feuerwärme einfangen

Steine nehmen Wärme auf und halten diese für längere Zeit. Der mit **Obststeinen gefüllte Sack** ist ein bewährtes Beispiel. Du füllst den Sack nicht zu prall ab, Mirabellen- oder Kirschensteine eignen sich am besten, und legst ihn in den warmen Kachel- oder Cheminéeofen oder in den warmen Backofen.
Tip: Schlauchähnliche Formate legen sich besser um kalte Füsse, einen schmerzenden Ellbogen ...

Der **Speckstein,** auch Topf- oder Bildstein genannt, ist ein metamorphes basisches Gestein. Er wurde u. a. für Kochtöpfe oder den Ofenbau verwendet. In Grönland sorgen aus Speckstein gearbeitete Tranlampen für Licht und Wärme.
Dieser aussergewöhnliche Stein ist weich und lässt sich daher mit wenig Werkzeug wie Sackmesser, Raspel, Feile und Schmirgelpapier bearbeiten. Er wird in der Hand wunderbar warm.

Der **Handstein** könnte für dich eine erste Begegnung mit diesem Stein sein. Trage ihn im Winter in der Manteltasche. Für den grösseren **Handschmeichler** stellst du dich ganz auf den Stein und deine Hand ein – er soll in jeder Lage deiner Hand schmeicheln.
Der Speckstein eignet sich als Wärmeplatte: Aus dem heissen Ofenrohr auf den Tisch gebracht, kann auf ihm gebraten werden!

Schneide eine mittlere Konservendose auf 4,5 cm Höhe zurück und überklebe den Rand zum Schutze mit Isolierbandstreifen. Die grössere Dose erhält einen 7,5 cm hohen Rand, den du auch überklebst.
Nun kannst du den Boden der grösseren Dose mit einer Vierkant- und einer Rundaale perforieren. Für die Hauptthitze schneidest du im Zentrum ein grösseres Loch aus. Diese «Herdplatte» wird wie ein Hut über die Flamme gestülpt. Das Rechaud ermöglicht dir zum Beispiel, den geschmolzenen Wachs auf kleinem Feuer flüssig zu halten (siehe S. 84).

Das improvisierte Blechdosen-Rechaud

Du brauchst:
1 mittlere und 1 grössere Konservendose
Isolierband, Blechschere
Vierkant- und Rundahle
Rechaudkerze

Wachs schmelzen

Von den letzten Feiertagen hast du in einer Blechdose alle Kerzenstummel aufgehoben. Bevor du die Resten im Wasserbad flüssig schmilzest, forme mit der Flachzange am Büchsenrand einen ausgussähnlichen Schnabel. – Auf kleinem Feuer köchelst du das Wachs so lange, bis alle Dochtresten obenauf schwimmen. Mit einem alten Löffel entfernst du sie.

Sandlichter

Du brauchst:
genügend feinen Sand
je nach Kerzengrösse verschieden dicken Docht
runde Steine oder kleine Bälle
flüssiges Kerzenwachs

Feuer erzeugt Licht

Schneide die Dochte nicht länger als 5 cm. Diese tauchst du nur kurz, aber verschiedene Male in das flüssige Wachs. Auf einem Stein lässt du sie auskühlen.
Der **Sand** muss dicht geklopft werden und etwas feucht sein. Mit dem Stein drückst du mit leichten Drehbewegungen Vertiefungen ein.
Umfasse nun mit einem alten Lappen das Wachsgefäss und giesse nur wenige Tropfen in die Mulden. Bevor die Masse eine Haut kriegt, steckst du den vorbereiteten, steifen Docht in die Mitte. Warte gute fünf Minuten bis zu einer weiteren Wachsschicht. Immer langsam und wenig Wachs eingiessen! Für grössere Kerzen kannst du zwei oder drei Dochte einstecken.
Sind die Lichter erkaltet, hebst du sie am Docht aus der Mulde und streifst den Sand etwas ab.

Windlichter aus Fruchtschalen

Die Lebensdauer dieser Windlichter ist von kurzer Dauer – sie sind aus **Fruchtschalen** geschnitzt. Für einen Tag müssen die ausgepressten und von der Fruchthaut befreiten Zitrusschalen in den Kühlschrank. Sie trocknen etwas aus, ohne zu schrumpfen, und lassen sich so besser bearbeiten. An der Schnittstelle der beiden Schalen kannst du mit einem spitzen Küchenschnitzer einfache Muster schneiden. Mit einem untergeschobenen hölzernen Rundlöffel erhältst du die saubersten Schnitte. Nach dem gleichen Verfahren wie auf S. 85 kannst du die Schalen ausgiessen. Eine Rechaudkerze versieht den Dienst ebenso.

Tip: Damit die Lichter gut stehen, müssen am Schalenboden Unebenheiten weggeschnitten werden!

Windlichter aus Seidenpapier

... leuchten heller und leben länger. Der Dosenrand wird auf 3,5–5 cm zurückgeschnitten. Mit der Aale stichst du feinere und gröbere Löcher ein. Das Licht kann nun reizvoll, partiell, hindurchscheinen.

Zum Umfang deiner Dose rechne zusätzlich 1,5 cm. Die Lichtmanschette wird z. B. 30 cm lang. Lege das Papier doppelt. Schmücke das Band mit Dekorationen der Manschettenhöhe entsprechend (max. 12 cm).

Mit dem Leimstift klebst du in die Bruchkante einen abgelängten Blumendraht. Diesen biegst du über die Rundung der Dose.

Klebe nun die vorbereitete Manschette an die Dose. Schliesse den entstandenen Zylinder an der Kante mit dem Leimstift.

Als Lichtquelle dienen Rechaudkerzen.

Das Öllicht

Die Vermutungen gehen dahin, dass die ersten Öllampen aus ausgehöhlten Steinschalen bestanden. Geschmolzenes tierisches Fett diente als Brennstoff. Auf der Oberfläche schwamm ein Bast- oder Moosdocht! Archäologische Funde von schalenartigen Steinen aus der Dordogne (Frankreich) werden auf 20 000 Jahre geschätzt!

Bis zum 5. Jh. v. Chr. wurden die Öllampen von Hand als offene Schalen aus Ton modelliert. Im 4. Jh. v. Chr. verändert sich die Schale allmählich zum geschlossenen Gefäss.
Das im Kapitel Erde geformte Öl-Licht wurde bei 900 °C gebrannt. Durch die Dochtöffnung wird das Duftöl eingefüllt. Dann wird der Docht durch die Tonperle, den Feststeller, gezogen und anschliessend in das Gefäss gelegt. Der Docht darf nur knapp über dem Feststeller enden. Wenn er länger vorsteht, flammt und qualmt das Licht unruhig.

Mit Russ vom «Feuer» drucken!

Mit dieser einfachen Technik erzielst du zauberhafte Druckresultate.

Du brauchst:
eine weiche, abgedeckte Unterlage
weisses Papier, z. B. Japanpapier
1 Kerze
verschiedene Pflanzenblätter mit ausgeprägten Blattstrukturen
1 Stück Butter
altes Schulheftpapier

Um sauber zu arbeiten, muss die Arbeitsfläche diszipliniert organisiert sein! (Öfters Händewaschen ist erlaubt!)
So wird z. B. auf der linken Arbeitsseite immer eingerusst: Ein Stück eingebuttertes Schulpapier bewegst du ruhig, aber stetig und dicht über der Flammenspitze, so lange bis das Papier tiefschwarz ist!
Lege nun ein schön gerilltes Pflanzenblatt, mit der Positivseite auf den russigen Grund. Mit einem Papierstück deckst du das Druckerblatt und streichst sorgfältig, ohne zu rutschen, darüber.
Hebe es nun mit der Pinzette ab und plaziere das Pflanzenblatt auf dem bereitgelegten Japanpapier. Mit einem neuen Papierchen pressest du das eingerusste Blatt auf die Unterlage. Wieder mit der Pinzette abheben – fertig!

Feuer treibt an

Ein Dampfboot

«Es denkt bei sich das Wässerlein:
dass bei dieser Ofenhitze
still ich in der Pfanne sitze,
fällt mir wahrlich gar nicht ein.
Daher frei und ungebunden,
lässt es sich nicht unterjochen,
fängt ganz munter an zu kochen
und ist schon als Dampf ent-
schwunden.»

E. Bühler, M. Lobeck

Ein Dampfboot konstruieren ist ein ganz schön knifflige Sache! Pröbeln, wie schnell das Wasser im Kessel erhitzt wird, ist das eine. Zum andern muss der Schiffskörper breit genug und mit einem Kieltiefgang ausgerüstet werden, damit er beim «Wasserladen» nicht gleich Schlagseite bekommt. Eine heikle Stelle ist der Ort, wo geheizt wird: Es muss gleichmässig ausgeschnitten werden!

Du brauchst:
Blechdose mit gut verschliessbarem Deckel als Dampfkessel
Blasaholz 30/10/5 cm als Schiffskörper
Laubsägeholz 23/10 cm/3 mm als Kiel
Büchsenblech, Draht, 1 Glasperle
4 Nägel, wenig Alufolie, Weissleim
Blechschere, Ahle, Säge, Stanleymesser, Feile
Schmirgelpapier, Schnitz- und Linolmesser, Auro-Wachs

Mit den Schnitzmessern eine präzis angepasste Vertiefung für die Kerzen herausarbeiten. (Die Feuerstelle kann auch auf der Schiffsmitte plaziert werden.) Sie wird mit Alufolie ausgelegt.
Mit der Blechschere werden aus einem Büchsenblech zwei einfache Kesselhalterungen geschnitten: etwa 9/5 cm. In alle vier Ecken Löcher stechen. Die unteren Löcher sind für die Nagelbefestigung am Schiff. Durch die oberen Löcher werden vier Drahtstücke gezogen, dann über den Kessel gespannt und durch eine Glasperle verschlauft. Gegengleich werden die eingeschnittenen Keilteile nach innen gebogen; eine einfache brückenähnliche Auflage stützt nun den Kessel.
Fülle ihn ⅓ hoch mit heissem Wasser. Zünde die Kerzen an. Setze den Dampfkessel in die Auflagehalterung. Fixiere ihn mit den vier Drahtstücken und der Glasperle. Setze dein Boot aufs Wasser, und warte . . . bis es dampft!

Tip: Mit Wachs oder auch Hartgrund kannst du das Holz schützend behandeln.

Dampfkessel: Fülle ihn mit Wasser und prüfe, ob er dicht ist. Undichte Stellen mit hitzebeständiger Abdichtungsmasse (im Warenhaus erhältlich) schliessen. In die obere Deckelseite ein feines Löchlein stechen für den Dampfaustritt.

Schiffskörper: Die Schiffsspitze anzeichnen, mit dem Messer ritzen, dann mit der Säge aussägen. Kanten feilen und schmirgeln. An der Schiffsunterseite **7 mm tiefen Kielschlitz** einsägen. Mit Feile und Schleifpapier ausweiten, anpassen. **Kiel** mit Wellenbrecherrundung zusägen. Er wird zuletzt eingeleimt.

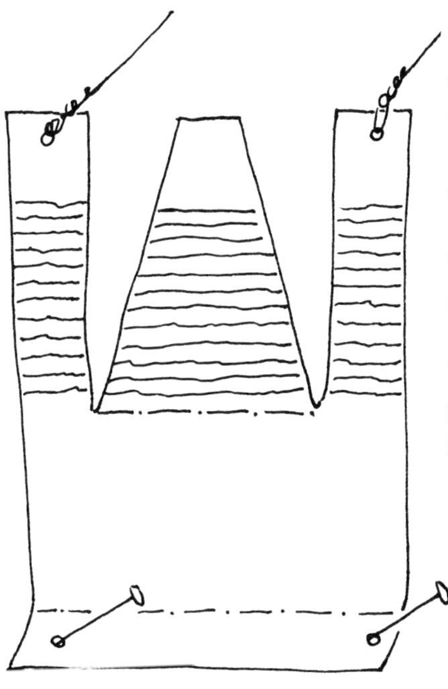

Das Karussell

Es dreht sich mit der aufsteigenden Flammenhitze. Für ein gleichmässiges Drehen erträgt das Rad keinerlei Reibung. Es ist deshalb aus gekaufter Metallfolie geschnitten. (Büchsendeckel sind ungenau und zu schwerfällig.)

Du brauchst:
für das Rad: Metallfolie, der Kreis hat 15 cm Durchmesser
für die Aufhängevorrichtung: einen Metallfolienkreis mit 7,5 cm Durchmesser
4,12 cm lange Blumendrahtstücke
4 zugeschnittene Rondellen von Alukäseförmchen
1 Niete, 3 mm, 1 Metallstricknadel
Scotchband und Doppelklebeband, 4 Messingglöckchen
für den Karussellständer:
1 Korken mit 10 cm Durchmesser
1 Metallflaschendeckel
1 Kunststofffläschchen (v. Pailletten)
1 Nagel
Dichtungsmasse oder Knetwachs
Leim
Werkzeug:
Flachzange, Blechschere, Ahle, Stecknadel, Brennstab

Karussellrad: Unterteile den 15-cm-Kreis in 8 Segmente. Schneide achtmal 3 cm lange Flügel ein. Am Schnittende schneide je ein 8 mm grosses Quadrat weg. Mit der Flachzange

biege jeden Flügel parallel 8 mm nach unten: Durch die entstandene Schlitzöffnung kann dann die aufsteigende Hitze das Rad bewegen. Im Radzentrum bohre für die Niete ein passendes Löchlein.

In die **Aufhängescheibe** mit 7,5 cm Durchmesser stichst du mit der Stecknadel vier kleine Löcher. Sie sind auf dem Kreis gleichmässig verteilt und etwa 5 mm vom Rand entfernt. Die vier Alurondellen hast du mit den Messingglöckchen verdrahtet. Jedes Drahtstück biege nach 8 cm rechtwinklig um. Stecke sie in die vorgestochenen vier Löchlein. Alle Teile müssen gleich lang sein! Klebe sie mit Scotchband fest. An acht gleichmässig verteilten Stellen klebst du mit Doppelklebeband die Aufhängescheibe an das vorbereitete Rad; jetzt kannst du die Niete schliessen.

Karussellboden: Für den Nagel bohre zuerst ein Löchlein in den Flaschendeckel. Nagel und Deckel drückst du in die Mitte des Korkens. Passend für die Metallstricknadel hast du ein Löchlein in den Fläschchenboden gebrannt. Klebe das Fläschchen über den Nagel in den Flaschendeckel, dass das eingebrannte Löchlein obenauf liegt. Rund um das Fläschchen füllst du den Deckel mit Dichtungsmasse auf. Warte, bis alles trocken ist! Setze das Karusselldach an der Niete auf die Stricknadel und stecke diese in das Fläschchen. – Kerzen anzünden!

Der Heissluftballon

Den alten Traum vom schwerelosen Flug in hohen Lüften bezahlten schon viele Menschen mit ihrem Leben! Die Erfinder des Heissluftballons, zwei in Frankreich lebende Brüder, liessen sich davon nicht abhalten und konstruierten neue Flugobjekte. Mit dem Wissen, dass warme Luft aufsteigt, weil sie leichter ist als kalte, verfertigten die beiden birnenförmige Kugelkörper aus Leinengewebe, die mit einem darunter gehängten Feuer angeheizt wurden. Die ersten Flugkörper hatten immerhin ein Ausmass von 20 m Höhe und 15 m Durchmesser!
So stieg vor etwa 200 Jahren der erste Heissluftballon in die Lüfte. Für den ersten Testflug liessen die Brüder Tiere mitfliegen! Weil keine nennenswerten Schwierigkeiten auftraten, wagten es schon bald die ersten mutigen Menschen. Ein echtes Ballonfieber brach aus.
Was für ein Gefühl, wenn sich dein selbstgeklebter Heissluftballon schwankend erhebt . . .
Für einfache Konstruktionen gelten noch dieselben Gesetzmässigkeiten wie einst: Wenn die Aussentemperaturen kühl sind, z. B. im Herbst und im Winter, ist Flugwetter. Baue also keine Ballone im Frühling bis Sommer, sie werden nicht steigen! Der Flugkörper

muss gross sein! Mindestens 60 cm in der Höhe. Konstruiere die leichteste Feuerstelle, denn jedes Gramm zählt für den Flug . . .

Du brauchst:
3 Bogen Pergaminpapier (Drachenpapier) 75/102 cm
Leimstift, Scotchband
Blumendraht, Alufolie
Watte, Metawürfel, Brennsprit, Streichhölzer
Massstab, Schere, Falzbein, Zange

Aufgepasst, Pergaminpapier reisst leicht! Zu zweit geht das Herstellen des Flugkörpers besser. Nach dem nebenstehenden Schema schneide die vier Seitenteile, 75/51 cm, und das Deckel-Quadrat, 51/51 cm, zu. Falte alle Ränder 1 cm breit um. (Mit dem Falzbein arbeiten!) Alle Teile werden später 1 cm breit miteinander verklebt. Falte in jedes Seitenteil in der Mitte eine Bruchkante. Die Ballonbasis muss schmäler werden: Schneide jedem Teil eine Ecke von 12 cm an der Basis und 18 cm in der Höhe weg. Zur Verstärkung überklebe die Ränder der Ballonbasis beidseitig mit Scotchband.
Zum Einleimen der Randkanten schiebe eine alte Zeitung unter. Nur die 1 cm Falzbreite einleimen. Das zweite Seitenteil kommt nun bündig in den Bruch zu liegen. Mit dem Falzbein sanft andrücken. Alle vier Schrägseiten 1 cm breit

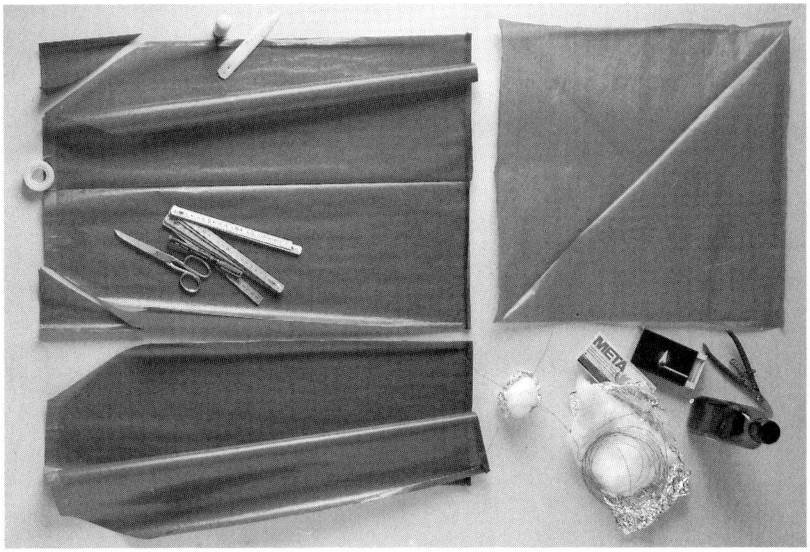

verkleben, neu einleimen und nochmals 1 cm breit umbiegen. Mit dem Falzbein andrücken. Die eingeleimten vier Randkanten des Deckels nacheinander an den Ballonkörper kleben. Die ersten zwei sind noch auf dem Tisch auszuführen, die restlichen zwei müssen am aufgestellten Ballon angedrückt werden. (Hier ist Mithilfe ratsam.)
Lege zwei 30 cm lange Drahtstücke unter etwas Alufolie. Zwei Metawürfel in Watte verpackt und mit Brennsprit beträufelt, stellst du in die Folie. Jedes Drahtende stichst du im Kreuz durch die Folie und weiter in die abgeklebte, ver-

stärkte Bruchkante von jedem Seitenteil: 2 cm Abstand vom Basisrand. Den Draht leicht umbiegen. Die Kochstelle muss **im Ballon** hängen, keine Wärme darf verlorengehen.
Anzünden und warten, bis sich der Ballon mit soviel heisser Luft gefüllt hat, dass er abhebt ...
Überklebe undichte Stellen mit Scotchband. Bei kühlem windstillen Wetter, auf einer offenen Wiese, stehen die Flugchancen optimal!

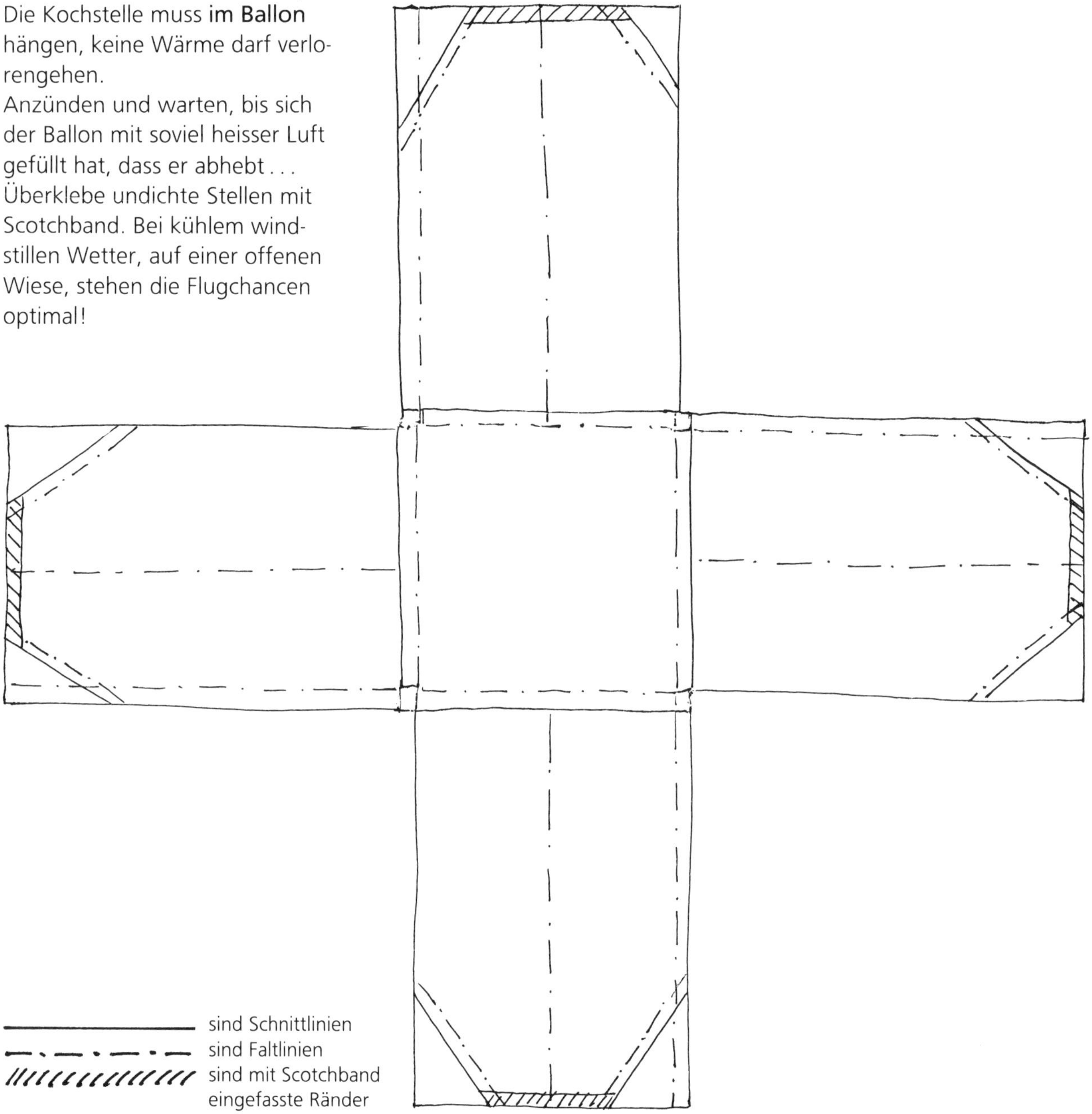

Pyrographie

Pyrographie nennt man das Malen mit Feuerhitze. Der mit elektrischem Strom erhitzte Brennstab ersetzt das zu früheren Zeiten im Feuer erglühte Eisen. – Verpackungsmaterialien wie Holzkisten und andere wurden – z. B. für weite Reisen – mit eingebrannten Zeichen oder Namen versehen. Den elektrischen Brennstab gibt es in Bastel- oder Do-it-yourself-Geschäften. Er wird mit verschiedenen einschraubbaren Einsätzen angeboten. Damit lassen sich ornamentale Muster auf Holz oder Leder einbrennen.

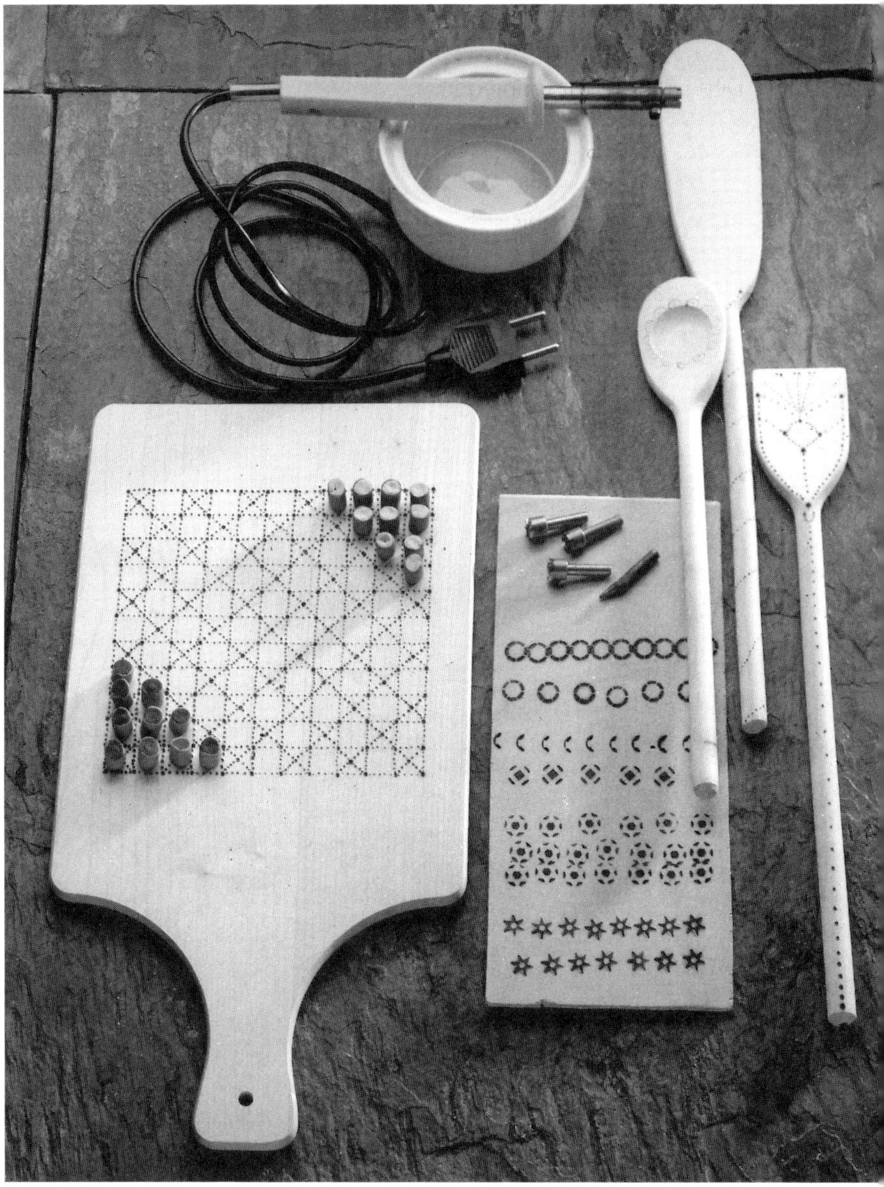

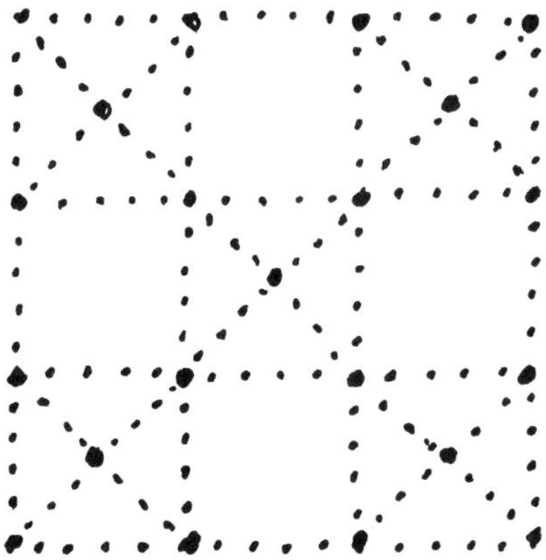

Muster für ein Halma-Spiel.

Textnachweis

Die **Sinnsprüche und Rätsel** sind dem Buch entnommen:
«Scheine Sonne, scheine» von E. Bühler und M. Lobeck, Troxler Verlag Bern.

Die **Zitate aus der Rede des Häuptlings Seattle** an den Präsidenten der Vereinigten Staaten von Amerika im Jahre 1855 stammen aus dem Buch: «Wir sind ein Teil der Erde», Walter-Verlag Olten.

AT Verlag Aarau (Schweiz)
Fotos: Atelier König & König, Zürich
Gesamtherstellung: Grafische Betriebe
Aargauer Tagblatt AG, Aarau
Printed in Switzerland

ISBN 3-85502-400-6